ENSEIGNEMENT PRIMAIRE

Programmes du 27 juillet 1882

NOTIONS

D'AGRICULTURE ET D'HORTICULTURE

PAR

A. BRAL | H. SAGNIER

Secrétaire de la rédaction
du *Journal de l'Agriculture*

COURS ÉLÉMENTAIRE

LEÇONS DANS LE JARDIN DE L'ÉCOLE

GRAVURES INTERCALÉES DANS LE TEXTE

PARIS

LIBRAIRIE HACHETTE ET Cie

79, BOULEVARD SAINT-GERMAIN, 79

1883

COURS MOYEN. 1 vol. avec gravures.
COURS SUPÉRIEUR. 1 vol. avec gravures.

COURS COMPLET

D'ENSEIGNEMENT PRIMAIRE

Rédigé conformément aux programmes
du 27 juillet 1882

GILBERT   HILDIBRAND

NOTIONS

D'AGRICULTURE ET D'HORTICULTURE

PAR

<table>
<tr><td>J. A. BARRAL</td><td>H. SAGNIER</td></tr>
<tr><td>Secrétaire perpétuel
de la Société nationale d'Agriculture</td><td>Secrétaire de la rédaction
du Journal de l'Agriculture</td></tr>
</table>

COURS ÉLÉMENTAIRE

PREMIÈRES LEÇONS DANS LE JARDIN DE L'ÉCOLE

CONTENANT 93 FIGURES INTERCALÉES DANS LE TEXTE

PARIS

LIBRAIRIE HACHETTE ET Cie

79, BOULEVARD SAINT-GERMAIN, 79

1883

AVANT-PROPOS

Les nouveaux programmes officiels du 27 juiljet 1882 placent parmi les matières obligatoires de l'enseignement dans les écoles primaires les éléments de l'agriculture et de l'horticulture, qui n'y avaient pas été compris jusqu'ici.

Afin de répondre à cette nouvelle partie du programme, nous nous sommes adressés à M. J.-A. Barral, secrétaire perpétuel de la Société nationale d'Agriculture, et à M. Henry Sagnier, secrétaire de la rédaction du *Journal de l'Agriculture*, dont les connaissances approfondies dans toutes les questions agricoles sont appréciées partout. En répondant à notre appel, les auteurs ont eu pour but principal d'écrire un manuel d'une exactitude absolue au point de vue de l'état des connaissances, et qui répondît aux besoins variés de toutes les parties de la France.

Le premier volume que nous publions est le développement du *Cours élémentaire*, que le programme officiel délimite ainsi :

Premières leçons dans le jardin de l'école.

Deux autres volumes renfermeront les matières du *Cours moyen* et du *Cours supérieur*. Ces deux volumes seront publiés dans le plus bref délai.

HACHETTE ET Cie.

COURS ÉLÉMENTAIRE
D'AGRICULTURE & D'HORTICULTURE

PREMIÈRE LEÇON

DESCRIPTION DU JARDIN

1. — Le **jardin** est l'espace plus ou moins grand dans lequel on fait *pousser les plantes* qui servent pour la *cuisine*, pour la *table* ou pour l'*ornement*.

Grâce à ses produits, vos *repas* deviennent plus sains, vous excitez votre *appétit*, vous satisfaites à la fois trois de vos sens, le *goût*, l'*odorat*, la *vue*.

2. — Pour avoir un bon et beau jardin, cherchez comment vous devez vous y prendre, afin que la terre puisse produire la plante dont vous désirez tirer parti, soit pour la manger, soit pour jouir de son feuillage ou de ses fleurs.

Ce n'est pas le hasard qui fait naître les plantes.

Il faut, au contraire, par des préparations qui exigent du *travail*, mettre la **terre** en état de produire. Il faut *prodiguer les soins* à chaque plante, depuis le moment où elle naît jusqu'à celui où on la récolte.

C'est ainsi que vos parents ne cessent de vous soigner depuis votre tendre enfance.

3. — Entrons donc, et rendons-nous compte des premières dispositions à prendre pour que le jardin soit à la fois agréable et fertile.

Pour qu'il soit agréable, il faut qu'on puisse s'y *promener à l'aise.*

Fig. 1. — Corbeille de fleurs.

Des **allées** y seront donc tracées.

Ces *allées* doivent être assez larges pour que deux personnes au moins puissent passer l'une à côté de l'autre sans se gêner. Elles seront disposées de telle sorte qu'on puisse atteindre facilement le plus grand nombre de plantes possible.

4. — C'est pourquoi vous voyez les allées entourer les *carrés.* Ceux-ci présentent, à droite et à gauche, des *plates-bandes,* c'est-à-dire des par-

ties voisines des allées et dans lesquelles on met les plants destinées à donner des fleurs, ou bien les arbres qui doivent produire des fruits.

Dans le centre des **carrés**, on place les *cultures* qui flattent le moins la vue, mais qui ont un grand intérêt, à cause de leur utilité.

FIG. 2. — Les fruits.

C'est là qu'on cultive les **plantes potagères** ou **légumes**.

5. — On pénètre dans ces carrés par de petites allées *secondaires* ou sentiers, plus étroites que les allées principales, qui sont destinées uniquement au jardinier.

Vous voyez que les carrés du jardin, entourés de plates-bandes, traversés par des allées, doivent renfermer des objets souvent bien précieux; car vous vous réjouissez tous de manger de bons légumes et des fruits sucrés et parfumés. Vous aimez aussi les belles fleurs.

6. — Celui qui s'est donné la peine d'obtenir ces légumes, ces fruits et ces fleurs, ne veut pas qu'ils soient **exposés** à être saccagés par des animaux ou par des voleurs. Aussi le jardin est-il séparé du reste du pays par des **clôtures,** qui consistent en murs, en haies, ou en fossés difficiles à franchir.

Ces clôtures, du reste, pourront être elles-mêmes utilisées; on peut, en effet, les former avec des plantes d'une nature spéciale et d'une utilité particulière.

Dans le jardin, *rien ne doit être négligé,* tout doit être calculé. Les résultats payent la peine que l'on a prise.

QUESTIONNAIRE. — Pourquoi cultive-t-on un jardin ? — A quoi servent les plantes qui y poussent ? — Qu'appelle-t-on allées? — carrés? — plates-bandes? — Où cultive-t-on les légumes ? — les fleurs ? — Qu'est-ce que la clôture d'un jardin ? — Comment les clôtures sont-elles faites ?

DEUXIÈME LEÇON

LE SOLEIL ET L'AIR DANS LE JARDIN

7. — Vous voyez ce gros **chou** (fig. 3). Ses *feuilles*, d'un beau vert, sont largement épa-

FIG. 3. — Chou.

nouies ; elles sont serrées autour du milieu qui forme le *cœur* que vous admirez.

S'il est si beau, c'est qu'il a poussé dans les conditions les plus favorables à son développement : il a eu en abondance de l'**air**, de l'**eau**, de la **chaleur**, de la **lumière**.

Les plantes ont besoin de *chaleur* pour pousser; elles ont aussi besoin de *lumière*.

8. — La chaleur et la lumière leur viennent du **soleil**.

Vous savez tous que, lorsque le soleil éclaire les objets, il se forme une *ombre* du côté opposé à celui qu'il éclaire. Pour que les plantes profitent de la chaleur du soleil, *on ne doit pas les placer à l'ombre d'un autre objet.*

9. — Le jardin ne sera donc pas situé au *nord* de la maison, car elle le couvrirait de son ombre.

FIG. 4. — Céleri.

Si le jardin est placé en plein *midi*, de telle sorte qu'il reçoive la chaleur et la lumière du soleil, on dit qu'il est bien *exposé*, qu'il a une bonne **exposition**.

Toutes les plantes n'ont pas un besoin égal de la lumière du soleil. Quelques légumes deviendraient trop durs si on laissait se développer librement en plein soleil les parties que l'on doit manger.

10. — Vous voyez autour de ces pieds de **céleri**

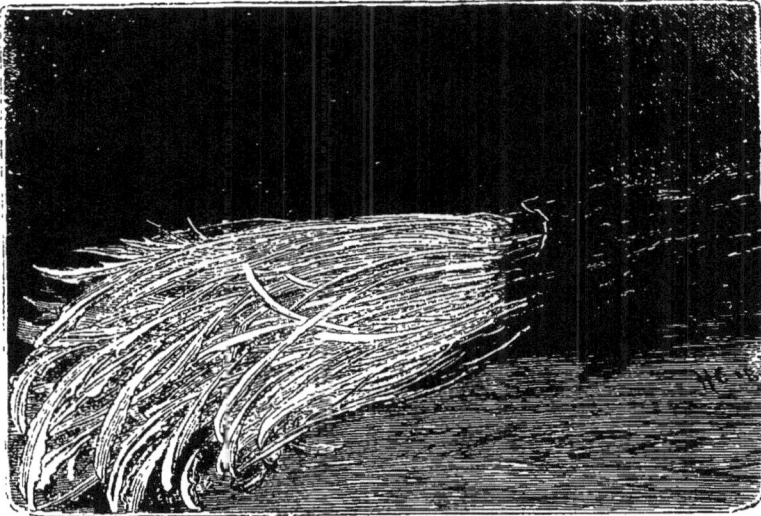

Fig. 5. — Barbe de capucin.

(fig. 4) de petites *buttes* de terre. On les a amoncelées pour mettre la tige à l'abri de l'action directe du soleil. Dans ces conditions, la tige s'allonge et reste blanche et tendre. Si on l'avait laissée pousser en pleine lumière, elle serait verte et dure.

Voici des racines de *chicorée sauvage* que j'ai traitées d'une autre manière pour avoir de la **barbe de capucin** (fig. 5). Je les ai placées dans la cave, à l'abri de la lumière ; il en est sorti ces longues pousses blanches et tendres qui font une si bonne *salade*.

11. — Quand vous mangez de la **chicorée** (fig. 6), vous préférez les *feuilles blanches* à celles qui sont *vertes*. Ce sont les feuilles du *cœur* qu

Fig. 6. — Chicorée.

sont restées tendres , parce qu'on a lié la touffe avec des brins de paille, afin de soustraire l'intérieur à l'action de la lumière.

Lorsque les plantes poussent ainsi des *tiges longues, effilées, blanches,* ou lorsque les feuilles gardent cette couleur *vert pâle,* on dit qu'elles sont **étiolées.**

Vous venez de voir comment le jardinier habile sait provoquer l'*étiolement* de certaines parties des plantes, afin de les rendre plus tendres.

QUESTIONNAIRE. — D'où viennent la chaleur et la lumière nécessaires aux plantes ? — Qu'appelle-t-on exposition d'un jardin ? — Quand dit-on qu'une plante ou une partie d'une plante est étiolée ? — Citez des exemples de feuilles étiolées ; — de tige étiolée.

TROISIÈME LEÇON

LABOUR DU JARDIN

12. — La terre des allées où vous marchez est *dure* et *tassée*. Vous voyez, au contraire, que celle des carrés est *émiettée, soulevée ;* si vous y marchez, vous enfoncez, et la terre garde une empreinte de vos chaussures.

C'est en **bêchant** la terre des carrés qu'on l'émiette ainsi.

Quand la terre est émiettée, les *racines* peuvent grossir et s'allonger, sans rencontrer d'obstacle.

En outre, les racines des plantes ont besoin d'air pour vivre ; vous-même vous ne pourriez vivre si vous restiez longtemps dans une chambre sans ouverture.

Grâce à l'émiettement de la terre, *l'air* pénètre dans toutes les parties du sol où se développent les racines des plantes.

13. — C'est avec la **bêche** que se fait ce travail. Il doit être répété à tous les changements de culture.

Voici plusieurs espèces de *bêches*. Toute bêche se compose d'un manche en bois au bout duquel est une partie coupante en fer. L'une a un *fer carré* (fig. 7) ; l'autre a un *fer arrondi* (fig. 8). En voici une troisième (fig. 9) dont le fer a été un peu *creusé ;* c'est ce qu'on appelle *pellevert* dans le Midi.

Toutes ces bêches ont un *manche droit.*

Voici deux **pelles ;** elles diffèrent des bêches parce que le manche est *recourbé,* ainsi que

FIG. 7. — Bêche ordinaire.

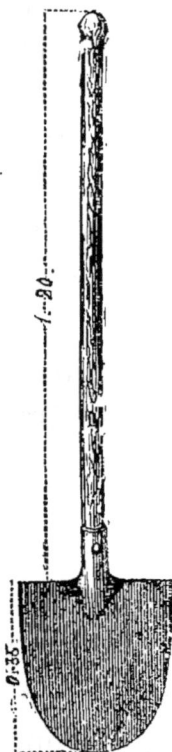

FIG. 8. — Bêche à fer arrondi.

FIG. 9. — Bêche à fer évidé.

le fer. Le fer de la pelle est tantôt *carré* (fig. 10), tantôt *arrondi* (fig. 11).

14. — Donnons un coup de bêche.

Vous voyez que je tiens le manche avec les deux mains, et que j'appuie le fer par terre.

Avec le *pied*, je pèse sur la partie supérieure du fer et je l'enfonce jusqu'à ce qu'il disparaisse dans la terre.

Avec la main gauche, j'appuie en arrière sur l'extrémité du manche et, avec la main droite, je soulève la bêche.

Voici la **motte** de terre que j'ai détachée et soulevée.

Je retourne la bêche, et je dépose la motte sur le sol de manière que sa partie inférieure soit en dessus.

FIG. 10. — Pelle à fer carré.

FIG. 11. — Pelle à fer arrondi.

Pour *émietter* la motte, je donne quelques coups avec le **tranchant** du fer.

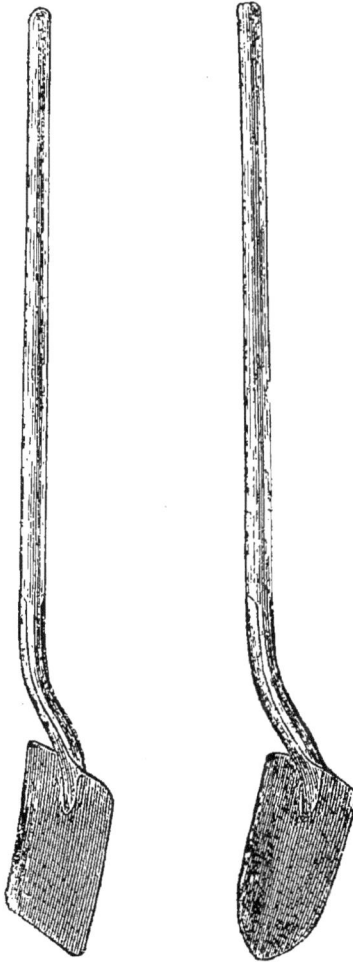

C'est en opérant de la même manière qu'on laboure tous les carrés.

15. — Il y a encore d'autres *instruments* qui peuvent servir au même travail.

Voici **une pioche** (fig 12); vous voyez que le fer est fortement incliné sur le manche.

FIG. 12. — Pioche.

Le fer de la **houe** (fig. 13) est encore plus incliné.

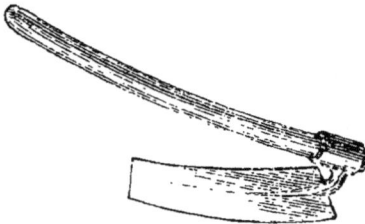

FIG. 13. — La houe.

Le **hoyau** (fig. 14) a un fer plus étroit.

FIG. 14. — Hoyau.

Voici enfin ce qu'on appelle le **pic à pioche**

fig. 15) ; il sert surtout pour les terres durcies et cailllouteuses.

16. — Quand la terre a été bien labourée, on *aplanit* au moyen du **râteau** (fig. 16); celui-ci sert encore à briser les petites *mottes* qui peuvent rester à la surface. Pour émietter les mottes, on se sert aussi d'un **rouleau**.

Pendant le travail du labour, on rencontre des *pierres* et des *racines* ; on les enlève et on les rejette sur les allées. Une **brouette** en bois (fig. 17) sert à les transporter au dehors.

FIG. 15. — Pic à pioche.

FIG. 16. — Râteau.

17. — Vous voyez ainsi tous les carrés bien aplanis. Mais, quand j'ai créé ce jardin, le sol était loin de présenter cet aspect uni.

Ici, à droite, il y avait un *creux* qui tenait la place de la moitié d'un carré. De l'autre côté, il existait de véritables *buttes* de terre.

Pour ramener toutes les parties au même *niveau*, j'ai enlevé l'excès de terre sur les buttes, et avec cette terre j'ai comblé les creux. C'était un

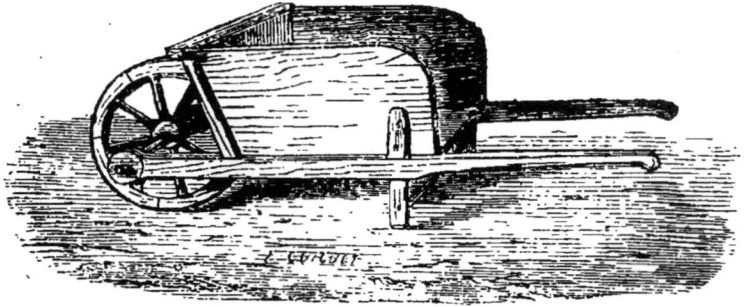

FIG. 17. — Brouette en bois.

travail rude et long ; mais il était nécessaire. Souvenez-vous bien qu'*on ne peut arriver à rien sans travail.*

QUESTIONNAIRE. — Quelle est la différence entre la terre des carrés et celle des allées ? — Qu'est-ce que bêcher la terre ? — Qu'est-ce qu'une bêche ? — Quelles sont les principales formes données à la bêche ? — Qu'est-ce qu'une pelle ? — Comment bêche-t-on la terre ? — Qu'est-ce qu'une pioche ? — une houe ? — un hoyau ? — un pic à pioche ? — A quoi sert le râteau ? — Quel usage fait-on de la brouette ? — Qu'est-ce que niveler un jardin ?

QUATRIÈME LEÇON

TERRE ET TERREAU

18. — J'appelle votre attention sur la nature de la terre de notre jardin.

Il a plu hier, et vous voyez encore des *flaques* d'eau dans les petites *ornières* que la roue de la brouette trace dans les allées.

Marchons ensemble, nous avançons difficilement. La terre se *colle* à nos chaussures et nous éprouvons quelque difficulté à l'en ôter.

C'est parce que la terre renferme beaucoup d'*argile* qu'elle s'attache ainsi et se prend en mottes sous l'action de l'eau.

19. — On l'appelle une **terre forte,** une terre *argileuse.*

Après quelques jours de soleil, la terre forte se fendillera à la surface en grosses mottes qu'on aura encore de la peine à émietter.

Les terres fortes présentent l'avantage de conserver plus longtemps leur *fraîcheur*, mais elles s'*échauffent* difficilement.

20. — Dans les jardins qui sont à l'autre extrémité du village, la terre ne présente pas le même aspect.

Malgré la pluie d'hier, elle ne s'attache pas aux souliers ni aux bêches; il n'y a pas de flaques d'eau dans les allées.

C'est une **terre légère**; elle s'*émiette* facilement et se laisse *traverser* par l'eau sans la retenir.

21. — Les terres légères sont appelées *sableuses* quand elles renferment beaucoup de sable.

Elles sont *calcaires* quand elles présentent le caractère que je vais vous montrer. J'en place un peu dans un verre et je verse dessus du vinaigre; vous voyez un bouillonnement se produire. C'est un bon signe. Les terres qui ne produisent pas ce bouillonnement ne sont pas fertiles.

On peut avoir de bons jardins dans des terres fortes ou dans des terres légères. Vous comprenez que les terres fortes, étant plus dures, sont plus difficiles à travailler que les terres légères. On appelle *terres franches* celles qui, par leurs propriétés, participent des terres fortes et des terres légères.

22. — Savez-vous comment on appelle la *couche supérieure de la terre*, celle qui a été émiettée par la bêche ?

C'est la *couche arable*.

La **couche arable** est la partie de la terre dans laquelle se développent les *racines* des plantes que nous cultivons.

Au-dessous, on rencontre ce que nous appelons le **sous-sol**. C'est la *couche inférieure*, jusqu'à laquelle descendent les eaux de pluie.

23. — Le sous-sol qui se laisse pénétrer par les eaux est appelé *perméable*.

Si, au contraire, il arrête les eaux sans les absorber, on dit qu'il est *imperméable*.

Ces qualités influent sur la terre du jardin, qui reste plus ou moins *humide* suivant la nature du sous-sol sur lequel elle repose.

24. — Pour accroître la fertilité de la terre, il faut y mélanger des débris de plantes, de matières animales, qui s'y décomposent de manière à former ce qu'on appelle le **terreau**.

Tout bon jardin doit contenir beaucoup de *terreau*. Celui-ci est *fort* ou *léger*, suivant la composition initiale de la terre où il entre.

Vous voyez que le terreau a une couleur *noire*. Grâce à cette coloration, il absorbe et concentre facilement la chaleur du soleil.

25. — Voici, dans ces *pots à fleurs*, de la **terre de bruyère**.

C'est un terreau formé, dans certains bois, dans des terres incultes et sèches, par les détritus de *bruyères*, de *fougères* et de plusieurs autres plantes qui y poussent spontanément.

La terre de bruyère est employée surtout pour la culture des plantes en pots.

QUESTIONNAIRE. — Qu'est-ce qu'une terre forte ? — Quelles sont ses propriétés ? — Qu'appelez-vous terre légère ? — Comment la distinguez-vous d'une terre forte ? — Qu'appelez-vous couche arable ? — Qu'est-ce que le sous-sol ? — Comment forme-t-on le terreau ? — Quelle en est la couleur ? — Qu'est-ce que la terre de bruyère ?

CINQUIÈME LEÇON

FUMIER ET ENGRAIS

26. — *Pas de bonne culture sans fumier, ou sans engrais.* Vous l'avez entendu souvent dire par vos parents.

C'est aussi vrai pour le jardin que pour les champs.

Vous ne vous nourrissez pas de l'air du temps. Pour grandir, il vous faut une nourriture abondante. Les plantes ne vivent pas non plus de l'air du temps; elles prennent la plus grande partie de leur nourriture dans la terre qui les porte.

27. — Les plantes empruntent au sol la plupart des matières qui composent leurs racines, leurs tiges, leurs feuilles, leurs fruits. Si elles ne trouvaient pas ces matières à leur portée, elles ne pourraient pas donner d'abondants produits.

Mais, lorsque les plantes ont été récoltées, le sol est devenu plus pauvre. Pour une nouvelle production, il faudra lui rendre ce qu'il a perdu; sans quoi les récoltes deviendraient de plus en plus faibles, et le sol se refuserait bientôt à en porter de nouvelles.

C'est par ce qu'on appelle du **fumier** et des **engrais** que l'on rend au sol les matières nécessaires à l'alimentation des plantes. De même, si la ménagère ne remettait pas chaque jour de la soupe dans le plat que ses enfants ont vidé, ceux-ci mourraient bientôt de faim.

28. — Vous savez, pour l'avoir vu faire, que l'on forme les engrais par des *matières animales* ou *végétales* dé-composées.

Le principal engrais est le **fumier**.

Il vient des écuries, des étables, des porcheries, des bergeries. Il est formé par le mélange des *excréments* et des *urines* des animaux domestiques avec leur *litière*; celle-ci se compose ordinairement de paille.

Fig. 18, 19 et 20. — Fourches en fer à deux, trois ou quatre dents.

Le fumier dans lequel la décomposition de la paille est avancée et qui forme une masse presque homogène, est dit *consommé;* c'est celui qui convient le mieux pour les jardins. Le fumier est placé en tas dans un carré qui lui a été réservé dans un coin du jardin. Vous voyez qu'on a tracé

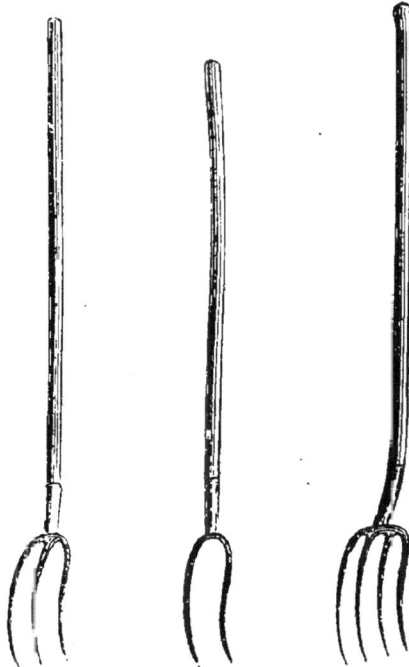

autour de ce tas une rigole qui empêche la partie liquide de s'écouler.

29. — Pour enlever le fumier et le porter sur
les carrés, on se sert de **fourches** en bois ou en
fer à *deux*, à *trois* ou à *quatre dents* (fig. 18 à 20),
qui sont à la fois légères et solides.

Le transport s'en fait facilement au moyen de
la *brouette en fer à claire-voie* (fig. 21), dont le

FIG. 21. — Brouette en fer à claire-voie.

chargement s'opère plus commodément que celui
de la brouette ordinaire. C'est en labourant les
carrés que le fumier y est enfoui.

30. — Le fumier sert aussi à faire les *couches.*
Voici une **couche.** On l'a formée en creusant la
terre à la profondeur d'un fer de bêche, et en
remplissant le fond de fumier tassé et arrosé ;
la partie supérieure et les côtés sont recouverts
de terre du jardin. L'intérieur de la couche s'é-
chauffe rapidement, comme vous voyez chez vous

le tas de fumier s'échauffer ; mais, au bout de quelques jours, la chaleur diminue.

31. — Le fumier abandonné à lui-même en tas se décompose lentement ; il constitue alors le *terreau* dont je vous ai parlé. Le fumier retiré des couches au bout de quelques mois est également transformé en terreau.

Le terreau peut être formé par la décomposition lente des feuilles mises en tas, et mélangées avec de la terre, les balayures de cour, les débris de cuisine, etc. Les tas sont remués de temps en temps pour arriver à un mélange parfait de toutes les parties.

32. — Vous voyez, sur ces carrés, une sorte de couverture peu épaisse : c'est un *paillis*.

On appelle **paillis** une couverture de *litière courte* ou fumier à moitié décomposé, qui est étendue sur la terre après les semailles pour protéger la pousse des jeunes plantes. Le paillis sert encore pendant l'été à maintenir la fraîcheur de la partie supérieure du sol. Enterré par un labour après la récolte, il remplit le rôle d'engrais.

Dans le Midi, on forme souvent le paillis avec des joncs ou avec du marc de cuve sec.

QUESTIONNAIRE. — Quelle est l'utilité du fumier et des engrais ? — Qu'appelle-t-on fumier ? — Qu'est-ce qu'une couche ? — Comment le terreau est-il formé ? — Qu'appelle-t-on paillis ? — Quel est le but de l'emploi des paillis ?

EXERCICE. — Indiquez comment on répand le fumier dans les jardins.

SIXIÈME LEÇON

LES ARROSAGES

33. — Quand vous êtes altérés, il faut que vous buviez pour étancher votre *soif*.

Les plantes ont soif aussi; *l'eau est absolument nécessaire à leur existence.*

Cette eau vient du *sol;* elle entre dans la plante par les *racines;* celles-ci puisent l'eau dans la terre qui les entoure.

Si cette terre est absolument sèche, la plante se dessèche elle-même et meurt rapidement.

34. — L'eau est fournie naturellement au sol par les **pluies ;** mais cette distribution naturelle est souvent insuffisante. Les pluies peuvent être surabondantes à certains jours, et manquer complètement pendant des semaines, au grand détriment de la végétation, surtout au printemps et pendant l'été.

De plus, lorsqu'il ne pleut pas, la surface du sol se dessèche sous l'action du soleil et des vents.

Les **arrosages** ont pour but de suppléer au manque d'eaux naturelles. Ils consistent à répandre sur le sol, aux époques nécessaires, l'eau en **quantité** plus ou moins abondante suivant les besoins des plantes.

35. — On se sert le plus souvent d'arro-

soirs (fig. 22) pour puiser l'eau et la porter sur les carrés. La forme de ces ustensiles est assez variable. Le tuyau par lequel l'eau en sort peut être muni d'une plaque percée d'une infinité de petits trous qu'on appelle *pomme*, ou bien se termine (fig. 23) par un *ajutage* qui brise le jet et le renverse en *nappe* (fig. 24).

Les eaux qui servent à l'arrosage doivent avoir été aérées et ne pas être froides.

FIG. 22. — Arrosoir à pomme.

Celles qui sont employées sont les *eaux de puits*, celles *de source* et celles *de pluie*, recueillies dans des bassins, afin qu'elles puissent s'échauffer au soleil.

36. — Les **eaux de puits** sont généralement trop froides pour servir aussitôt qu'elles ont été tirées; il en est de même de la plupart des **eaux de source**. On les fait séjourner dans des bassins exposés au soleil. Ces bassins servent aussi pour les **eaux de pluie** qui sont recueillies sur les toits à l'aide de gouttières.

Dans le Midi, où les pluies sont rares, tous les bâtiments des fermes sont munis de *gouttières*, d'où partent des tuyaux qui conduisent l'eau dans des citernes où elle est emmagasinée avec soin.

FɪG. 23. — Arrosoir à ouverture brise-jet.

FɪG. 24. — Arrosage des carrés et des feuilles d'arbres.

Dans les jardins, il serait trop coûteux de construire des **bassins** en maçonnerie et ciment. On se sert généralement, pour les remplacer, de grands **tonneaux** qu'on enfonce verticalement dans la terre, de telle sorte que la partie supérieure dépasse un peu la surface du sol. Les eaux y restent jusqu'à ce qu'on vienne les puiser avec l'arrosoir.

37. — Au lieu de se servir d'arrosoir, on peut employer une petite pompe appelée *pompe-arrosoir* (fig. 25). Le tuyau de cette pompe est muni d'une *pomme en métal*. La pompe plonge dans un seau plein d'eau. En la manœuvrant on fait jaillir l'eau jusqu'à une certaine distance.

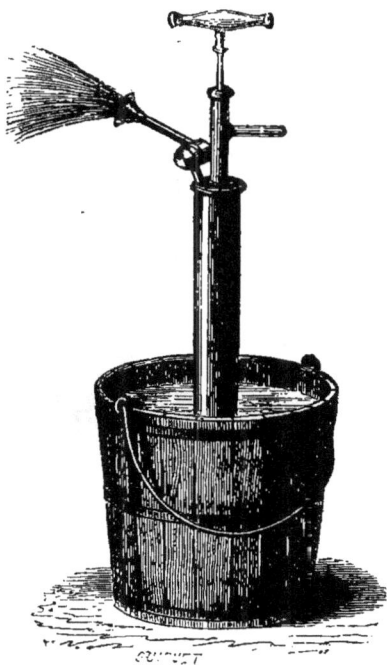

FIG. 25. — Pompe-arrosoir.

C'est surtout pour arroser le feuillage que l'on se sert de la pompe-arrosoir.

Vous devez avoir soin de faire les **arrosages** de préférence le matin et le soir, surtout pendant les mois chauds. Si l'on arrose en plein midi, il en résulte que les feuilles des plantes, brusquement mouillées, se recroquevillent et se dessèchent sous l'action du soleil.

38. — Les arrosages *tassent* toujours, malgré les précautions qu'on peut prendre, la terre des carrés. Le seul moyen de parer à cet inconvénient est de recouvrir les carrés de **paillis** qui empêchent le choc de l'eau sur le sol.

FIG. 26. — Arrosage d'un carré de choux.

Au lieu d'effectuer les arrosages avec de l'eau pure, il y a avantage à les faire avec des eaux chargées d'une petite quantité d'engrais qu'on y a mélangée. Pour détruire les pucerons et d'autres insectes, on arrose les feuilles et les tiges des plantes avec de l'eau chargée de jus de tabac.

QUESTIONNAIRE. — L'eau est-elle nécessaire aux plantes ? — Quel est le but des arrosages ? — Comment recueille-t-on les eaux d'arrosage ? — A quel moment doit-on arroser ? — Qu'est-ce qu'un arrosoir ? — Expliquez les avantages des paillis quand on arrose. — Arrose-t-on seulement avec de l'eau pure ?

SEPTIÈME LEÇON

ABRIS POUR LES PLANTES

39. — Les plantes n'ont pas seulement besoin d'être protégées contre la sécheresse; elles ont peur du *vent*, d'un excès de *chaleur*, du *froid*.

Quand vous avez trop chaud, vous vous placez à l'ombre. S'il fait froid, vous vous couvrez de vêtements chauds. S'il souffle un vent violent, vous cherchez un abri.

Il faut prendre les mêmes précautions pour les plantes que vous voulez cultiver.

40. — On donne le nom d'**abris** à des *appareils qui servent à protéger les plantes* soit contre la violence du vent, soit contre l'action des gelées, soit enfin contre l'ardeur du soleil.

Dans les jardins, les murs et les haies forment un bon abri pour *protéger les arbres contre le vent*. Dans les régions où règnent des vents violents, par exemple dans la vallée du Rhône, on emploie avec avantage des plantations serrées d'arbres verts à haute tige ou de roseaux qui forment ce qu'on appelle des **brise-vent**.

41. — Pour *protéger les arbres contre les gelées* de l'hiver, on enveloppe les tiges et les branches de paille, et l'on recouvre de fumier la partie du sol au-dessous de laquelle les racines s'étendent.

Afin d'*abriter les légumes contre le froid*, on accumule la terre autour et au-dessus de leurs tiges; c'est ce qu'on appelle **butter**. On y ajoute parfois une couche de feuilles sèches ou de paille.

42. — Vous avez entendu souvent vos parents se plaindre des gelées qui arrivent au printemps, alors qu'on espérait que le froid avait disparu, en avril et même en mai. Ce sont des *gelées printanières*, qui font beaucoup de mal dans les jardins et dans les champs.

C'est l'époque de la **lune rousse**. On a tort d'accuser la lune, comme vous l'apprendrez plus tard; mais vous êtes encore trop jeunes pour que je vous l'explique.

43. — *Contre les gelées printanières*, on abrite les arbres par des paillassons, des toiles mobiles, des voliges. Les **paillassons** et les **toiles** sont également adoptés dans le même cas pour protéger les cultures de légumes. La saison pendant laquelle ces abris doivent être employés s'étend depuis le mois de février jusqu'à la fin du mois de mai.

Pendant l'été, on se sert encore de paillassons et de toiles mobiles afin de *protéger les légumes contre l'ardeur du soleil*. Dans la culture des fleurs, on se sert surtout de toiles. Les **brise-vent** forment aussi d'excellents abris contre le soleil pour les plantes qui doivent être cultivées à l'ombre.

44. — Je vais vous indiquer le moyen d'établir un abri très simple pour protéger pendant l'hiver les plantes qui craignent l'humidité ou la neige.

Il suffit de prendre une tuile plate ou une planchette qu'on maintient inclinée au-dessus de la plante à abriter, au moyen de deux petites

FIG. 27. — Tuile inclinée formant abri.

baguettes (fig. 27). On tourne sa pente du côté du nord, et on garnit le dessus de feuilles sèches. Si le froid devient vif, on recouvre le tout de feuilles. On écarte ainsi l'humidité, et au printemps les plantes sont beaucoup plus vigoureuses.

QUESTIONNAIRE. — Quelle est l'utilité des abris ? — Qu'appelle-t-on brise-vent ? — Qu'est-ce que butter une plante ? — Quel est l'emploi des paillassons ? — Qu'est-ce que la tuile-abri ?

EXERCICE. — Expliquez comment on protège les arbres contre les gelées de l'hiver.

HUITIÈME LEÇON

GRAINES ET SEMIS

45. — Je n'ai pas besoin de vous dire que les plantes de notre jardin sont comme toutes les autres ; elles ne viennent pas sans qu'on ait mis des **graines** dans la terre.

Semer, c'est répandre les graines sur le sol.

Pour donner de belles et bonnes plantes, les graines doivent posséder certaines qualités.

Elles doivent avoir été récoltées sur des *plantes très vigoureuses*, et être tout à fait *mûres*.

Il faut choisir les graines les plus grosses et les plus lourdes.

46. — Il y a encore une autre condition que vous ne devez pas oublier : c'est que, depuis le jour de la récolte jusqu'au moment où elles sont semées, *les graines doivent être conservées à l'abri de la chaleur et de l'humidité.*

C'est pour cela qu'on les place dans de petits sacs, que vous voyez suspendus dans les greniers, dans les celliers, chez vos parents.

47. — Retenez bien qu'il n'est pas prudent de garder pendant plus d'une année les graines que vous voulez employer pour les semis.

C'est après les labours qu'ont lieu les semis ; l'époque la plus convenable varie suivant les

diverses espèces de plantes. On a des semis
à faire dans le jardin pendant presque toutes
les saisons.

48. — Quant aux manières de semer, elles
sont très nombreuses. Il faut
que je vous les explique en quelques mots. Vous les comprendrez
facilement, car vous voyez les
semailles se faire chez vos parents ou chez vos voisins.

Les semis s'exécutent en *lignes*
ou *à la volée*, *sur place* ou en
pépinière.

49. — Pour exécuter les **semis en lignes,** on commence
par tracer avec un *cordeau*, sur
le carré, des lignes parallèles.
On répand la graine le long de

FIG. 28. — Plantoir.

ces lignes, ou bien dans un sillon
fait avec la *binette*, ou dans de petits trous
appelés *poquets*, préparés avec le **plantoir**
(fig. 28). On peut aussi employer dans ce dernier
cas un **sabot** dont la semelle est garnie (fig. 29)
d'une saillie qui fait un *poquet* à la place sur
laquelle le sabot porte.

Les semis **à la volée** se font en jetant la graine
sur le sol de telle sorte qu'elle soit disséminée sur
toute la surface. Il faut éviter de semer trop épais.

On **ratisse** après les semis en ligne et à la

volée pour enterrer les graines, afin qu'elles germent à l'abri des accidents et dans de bonnes conditions.

50. — On fait les semis **sur place** quand on sème la graine sur le carré où elle doit rester.

Les semis **en pépinière** se font sur un carré spécial où les jeunes plantes peuvent recevoir tous les soins nécessaires à leur rapide accroissement, et se trouvent comme en nourrice.

Fig. 29. — Sabot plantoir.

Lorsqu'elles sont suffisamment fortes, on les transplante sur le carré qu'elles sont destinées à occuper; c'est ce qu'on appelle les **repiquer.**

Les semis **sur couches** sont réservés aux graines qu'on veut faire lever rapidement et aux plantes délicates. Pour concentrer la chaleur sur la couche, on recouvre celle-ci de **cloches** en verre ou de **châssis.**

Dans tous les cas, après les semis, il convient de répandre sur le sol une faible épaisseur de terreau ou de paillis, puis on arrose.

QUESTIONNAIRE. — Quelles qualités les graines à semer doivent-elles posséder? — Comment conserve-t-on les graines? — Pendant combien de temps faut-il les garder? — Qu'est-ce qu'un semis? — Quelles sont les différentes méthodes employées pour semer? — Quand fait-on les semis? — Qu'est-ce qu'un plantoir? — Qu'est-ce que semer sur place? — en pépinière? — sur couche? — Qu'appelle-t-on repiquer?

EXERCICE. — Décrivez la manière de semer en lignes.

NEUVIÈME LEÇON

BOUTURES, MARCOTTES, GREFFE

51. — Si je parlais surtout aux enfants des villes, je n'insisterais pas sur les moyens de *multiplier les végétaux*, en dehors des semis.

Mais vous qui habitez la campagne, vous me diriez que j'ai oublié de vous faire connaître des opérations qui sont usitées partout.

Ces opérations consistent à séparer une partie de la *tige* ou des *racines* d'une plante, et à planter cette partie isolément. On pratique ainsi la *séparation des racines*, des *rejetons*, des *caïeux*, des *tubercules*, le *bouturage*, le *marcottage*, la *greffe*. — Je vais vous expliquer en peu de mots chacune de ces opérations.

52. — La **séparation des racines** consiste à diviser les *touffes* des plantes à racines vivaces en sujets plus petits, qu'on plante séparément et qui sont appelés **éclats des racines.**

La **séparation des rejetons** consiste à détacher et à replanter isolément les *rejets* enracinés qui apparaissent sur les racines ou au collet des végétaux ligneux.

Les plantes bulbeuses et tuberculeuses développent des **caïeux** ou **bulbilles** et des **tubercules**, qui peuvent être séparés pour donner naissance à de nouvelles plantes. On multiplie ainsi les lis, les dahlias, les pommes de terre.

53. — Le **bouturage** consiste à séparer d'une plante un *rameau garni de bourgeons* et à le planter.

Ce rameau est appelé **bouture.** On le plante généralement en pots ou en pépinière. Lorsque

Fɪɢ. 30. — Cloche chauffée pour la reprise des boutures.

la bouture pousse des racines et que ses bourgeons se développent, on dit qu'elle a **repris.**

Pour faciliter la reprise des boutures, on peut placer les pots qui les renferment sous des *cloches* (fig. 30) au-dessus d'un *vase* en terre cuite, qui renferme de l'eau chauffée par une lampe. On obtient ainsi une atmosphère chaude et humide qui facilite la pousse des racines.

54. — Le **marcottage** se pratique en couchant dans la terre un rameau sans le séparer du végétal, et en recouvrant de terre la partie couchée. Ce rameau couché est appelé **marcotte**.

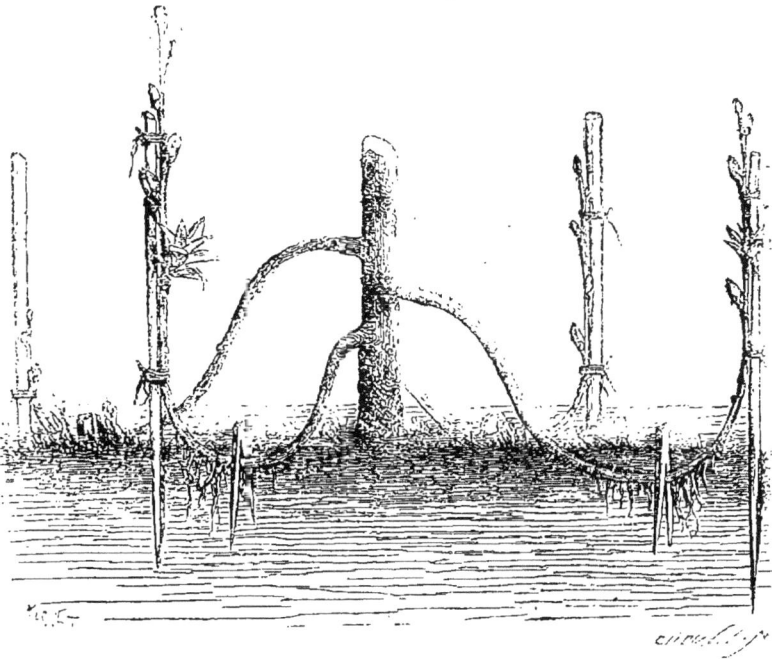

Fig. 31. — Marcotte.

La figure 31 montre la manière d'opérer le marcottage des rameaux. Des racines se développent sur la partie qui est en terre; lorsqu'elles sont formées, on sépare le nouveau végétal du pied d'où il est sorti.

Le marcottage se fait quelquefois naturellement; l'*enracinement des coulants du fraisier* (fig. 32) en donne un exemple.

55. — La **greffe** est une opération qui consiste à implanter et à faire vivre un fragment de végétal appelé **greffon,** sur un autre végétal, appelé **sujet,** appartenant à la même famille. La greffe peut être pratiquée sur les racines, la tige ou les rameaux. Le *greffon,* une fois soudé au *sujet,* con-

FIG. 32. — Coulants du fraisier.

serve indéfiniment ses propriétés et ses qualités.

Les méthodes de greffe sont très nombreuses.

Cette opération a principalement pour but de conserver et de propager rapidement un grand nombre de variétés d'arbres d'utilité ou d'agrément, en les transportant sur un végétal robuste dont les fruits ont une qualité inférieure. Elle est pratiquée dans tous les jardins sur les arbres fruitiers.

QUESTIONNAIRE. — Le semis est-il la seule manière de reproduire les plantes ? — Qu'appelle-t-on éclat des racines ? — séparation des rejets ? — Qu'est-ce qu'une bouture ? — une marcotte ? — une greffe ? — Quel est le but de la greffe ?

EXERCICE — Expliquez comment on procède au marcottage.

DIXIÈME LEÇON

SARCLAGES ET BINAGES

56. — Le long des chemins, dans les haies, dans la lande, vous voyez les plantes pousser à l'aventure. Leurs fleurs forment souvent des tapis aux couleurs brillantes; vous vous plaisez à les cueillir et à en faire de beaux bouquets.

C'est tout autre chose dans le jardin et dans les champs. Ici, les plantes du pays, qui viennent toutes seules, sont des **mauvaises herbes**.

57. — Il arrive que les graines de ces plantes sont disséminées partout par les vents, les oiseaux. Elles tombent souvent dans le jardin, et elles y germent, en même temps que les plantes semées dans les carrés.

La plupart de ces plantes de hasard sont très vigoureuses; elles gênent le développement des plantes cultivées et prennent une partie de leur nourriture. C'est pour s'en débarrasser qu'on fait ce qu'on appelle les **sarclages**.

Sarcler, c'est *détruire* les mauvaises plantes.

Lorsque les plantes cultivées sont jeunes, on est obligé, pour ne pas les blesser, de faire les sarclages à la main. Plus tard, on peut pratiquer les sarclages avec la *serfouette* (fig. 33), la *rasette à main* (fig. 34), ou encore la *petite houe à main* (fig. 35). Les sarclages doivent être répétés autant de fois qu'il est nécessaire pour que les carrés soient toujours très propres ; ils doivent être faits avant que les mauvaises plantes aient produit leurs graines.

58. — Les mêmes instruments servent à faire

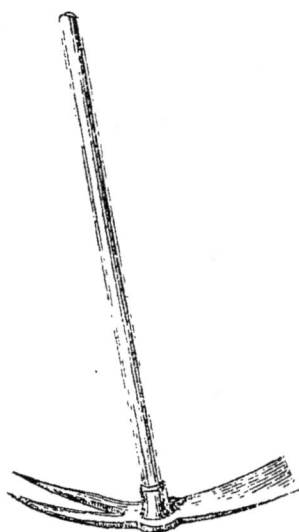

FIG. 33. — Serfouette.

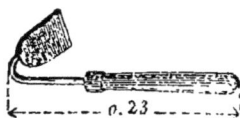

FIG. 34. — Rasette à main.   FIG. 35. — Houe à main.

les **binages**, qui ont pour but d'émietter la terre de la surface des carrés. On gratte, avec la lame de la binette, la couche superficielle du sol.

Les binages doivent être répétés plus fréquemment dans les terres fortes que dans les terres légères. Les *paillis* bien faits sont utiles pour empêcher l'encroûtement de la surface, et rendre la répétition des binages moins nécessaire.

59. — Les *mauvaises herbes* poussent dans les allées aussi bien que dans les carrés. Il faut donc

FIG. 36. — Ratissoire pour les allées.

les y détruire. On peut se servir, pour ce travail, de la *binette*.

On se sert aussi d'un instrument spécial : c'est la *ratissoire* (fig. 36). En même temps qu'elle coupe les herbes qui y ont poussé, la ratissoire égalise le terrain des allées.

QUESTIONNAIRE. — Pourquoi pratique-t-on des sarclages ? — Quels sont les outils employés à cette opération ? — Qu'appelle-t-on binages ? — Qu'est-ce qu'une ratissoire ?

ONZIÈME LEÇON

LES PLANTES DU JARDIN

60. — Vous savez que les animaux, les hommes, meurent après une vie plus ou moins longue. Il en est de même des plantes.

Les plantes passent, comme les animaux, par trois périodes : **jeunesse, force de l'âge** et **vieillesse.** Suivant les espèces, ces périodes ont des durées extrêmement variables.

A cet égard, les plantes sont divisées en plusieurs catégories que vous retiendrez facilement :

Les plantes **annuelles,** qui naissent et meurent dans le cours d'une année ;

Les plantes **bisannuelles,** qui naissent la première année pour ne mourir que la seconde ;

Les plantes **vivaces,** dont la vie dure pendant plusieurs années, mais dont les tiges meurent chaque année, pour repousser au printemps.

Les plantes vivaces qui viennent d'être décrites sont *herbacées.* D'autres sont *ligneuses.*

Les plantes **ligneuses** sont les arbres ou arbustes dont la tige peut s'accroître pendant un nombre d'années considérable et se garnit à la partie supérieure de branches et de rameaux.

61. — Dans les jardins, on cultive des plantes qui appartiennent à toutes ces catégories. La

division ordinairement adoptée est établie d'après le genre d'utilité des végétaux ; elle comprend trois espèces de plantes. On appelle :

Plantes **potagères** ou **légumes** celles qui se mangent comme mets ou comme assaisonnement ;

Plantes **fruitières** celles dont les fruits sont comestibles ;

Plantes **florales** celles qui sont cultivées pour leurs fleurs.

62. — Le jardin **potager** est exclusivement consacré à la *production des légumes ;* le **jardin fruitier** est destiné plus spécialement à la *culture des arbres à fruits ;* le **jardin d'ornement** est celui dans lequel on cultive les *plantes florales.*

Le jardin fruitier diffère du **verger** en ce que les arbres de ce dernier sont abandonnés à eux-mêmes, tandis que ceux du jardin fruitier reçoivent chaque année des soins spéciaux.

Le plus souvent, dans les jardins des fermes, toutes ces cultures sont réunies sur la même surface. C'est ce qu'on appelle des **jardins mixtes.**

Le jardin est, à la campagne, principalement destiné à fournir des légumes pour la nourriture de la famille ; il doit donc être surtout organisé en vue de la production des plantes potagères.

QUESTIONNAIRE. — Qu'est-ce qu'une plante annuelle ? — une plante bisannuelle ? — une plante vivace ? — une plante ligneuse ? — Quelle est la différence entre une plante vivace et une plante ligneuse ? — Qu'appelle-t-on plantes potagères ? — plantes fruitières ? — plantes florales ? — Qu'est-ce qu'un verger ?

DOUZIÈME LEÇON

PRINCIPAUX LÉGUMES

63. — Jusqu'ici nous nous sommes occupés de l'ensemble du jardin. Vous savez comment on prépare les carrés, comment on sème, comment on bine, comment on arrose.

Aujourd'hui nous allons examiner comment on obtient des légumes.

Les plantes potagères sont nombreuses, et elles ne servent pas toutes aux mêmes usages.

64. — Il en est dont on mange les *fleurs*, d'autres dont on mange les *feuilles*.

Dans quelques-unes, c'est la *tige* seulement qui sert à notre nourriture; dans d'autres, on mange *toutes les parties de la plante*.

Chez un grand nombre, les *graines*, les *fruits* ou les *racines* servent à nous nourrir.

Enfin, il y en a quelques-unes dans lesquelles on mange les *enveloppes* tendres des fleurs, avant que les fleurs soient formées ou épanouies.

Je vais vous donner la liste des principaux légumes. Ceux qui ne sont pas ici, vous les retrouverez dans les jardins de vos parents.

65. — Parmi les *légumes dans lesquels on mange les enveloppes des fleurs*, il faut citer le **chou-fleur** et l'**artichaut**; et parmi les *plantes dont on mange les fleurs*, la **capucine** et la **bourrache**.

Les plantes potagères *dont les graines ou les fruits sont comestibles*, sont les **haricots**, les **pois**, les **fèves**, les **tomates**, les **aubergines**, les **courges** et les **concombres**.

Les plantes *dont les racines ou les tubercules sont recherchés comme légumes*, sont la **pomme de terre**, le **céleri**, le **navet**, le **panais**, la **rave**, le **salsifis**, la **carotte**.

Pour *leurs tiges ou leurs feuilles*, on cultive les **épinards**, diverses variétés de **choux**, les **oseilles**, la **laitue**, la **chicorée**, la **scarole**, la **mâche**, le **cresson**, la **raiponce**, le **poireau**.

66. — D'autres plantes potagères sont principalement employées pour l'**assaisonnement des mets**, à raison soit de leur *saveur* prononcée, soit du *parfum* qu'elles répandent, soit de leur *odeur* forte. Ce sont : l'**ail**, l'**oignon**, le **persil**, le **cerfeuil**, la **ciboulette**, la **civette** ou **appétit**, l'**échalote**, l'**estragon**, la **pimprenelle**.

Toutes ces plantes sont cultivées à peu près de la même manière. Il n'y a de différence que pour les *époques* des semis, des récoltes, et pour quelques soins particuliers que plusieurs réclament afin de donner des produits abondants.

QUESTIONNAIRE. — Quelles différences les diverses plantes potagères présentent-elles au point de vue de l'alimentation ? — Quelles sont les plantes dont on mange les tiges ? — les feuilles ? — les racines ? — Indiquez les plantes d'assaisonnement.

TREIZIÈME LEÇON

CHOUX, NAVETS, CAROTTES

67. — Promenons-nous ensemble le long des carrés, et examinons les plantes qui y poussent.

Elles sont loin d'avoir la même *taille;* leurs tiges ou leurs feuilles ne présentent pas de *formes* semblables. En les regardant bien, vous apprendrez à les distinguer.

Voici d'abord un carré de **choux.**

On cultive le chou dans tous les jardins. Une bonne soupe aux choux est un grand régal.

Il y a beaucoup de sortes de choux ; je vais vous en montrer quelques-unes.

68. — Les **choux cabus** ont des feuilles lisses, arrondies, qui se recouvrent les unes les autres pour former une grosse tête ronde et massive.

Les **choux frisés** ou **de Milan** présentent des feuilles plus découpées, qui forment une tête moins serrée et plus tendre.

Le **chou de Bruxelles,** haut sur tige, donne sur celle-ci de petites pommes frisées très bonnes à manger à l'automne.

Les **choux verts** ont des feuilles étalées. Les uns servent à la nourriture de l'homme ; les autres, à l'alimentation du bétail.

69. — Vous voyez sur ce **chou-fleur** (fig. 37) cette masse charnue et blanche, entourée par les

feuilles ; c'est ce qu'on appelle sa tête. Les choux-
fleurs de Paris sont très estimés.

Des *binages* et des *arrosages* copieux consti-

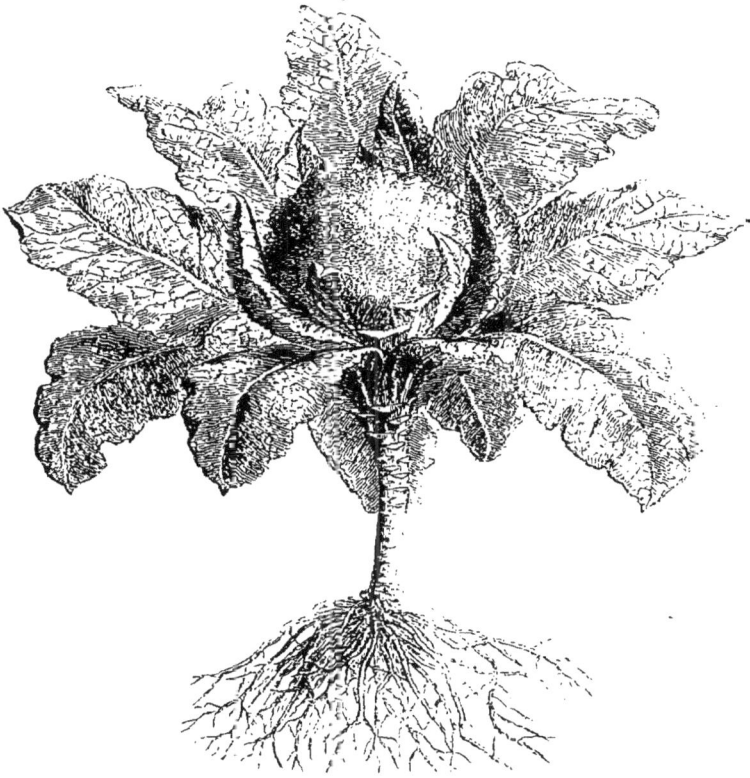

FIG. 37. — Chou-fleur.

tuent les principaux soins de culture dont les
choux ont besoin.

On *récolte* les choux entre cent et cent trente
jours après le semis, suivant les variétés. En se-
mant de bonne heure, on a des choux dès le
mois de mai; il est bon de faire des semis suc-

cessifs, de telle sorte que l'on puisse en consommer pendant l'hiver et jusqu'au printemps suivant.

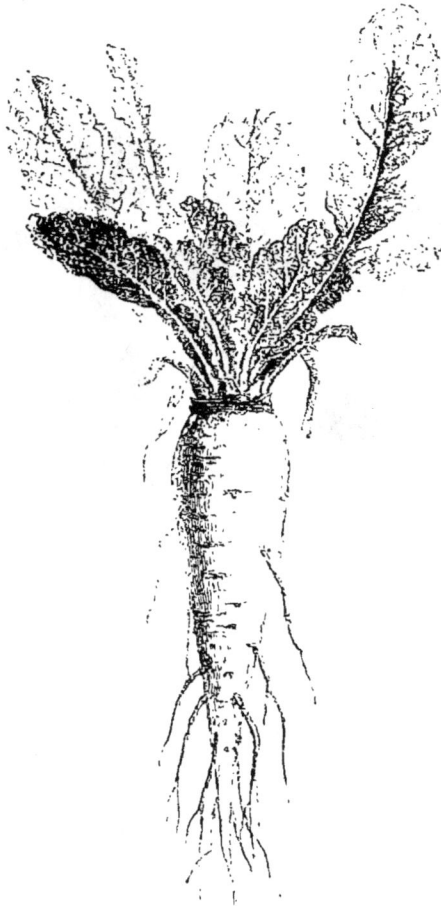

FIG. 38. — Navet.

70. — Un autre carré est réservé aux *navets*. Le **navet** (fig. 38) est cultivé pour sa racine. Parmi les variétés les plus recherchées, je vous citerai : le *navet plat hâtif*, le *navet des Vertus*.

Les *navets* se sèment à la volée sur place ; il leur faut des arrosages assez fréquents. Il est bon de mettre un peu à l'abri les semis que l'on

Fig. 39. — Rave   Fig. 40. — Radis.

fait pendant l'été. On les **récolte** entre soixante et quatre-vingt-dix jours après le semis, suivant la variété et la saison.

Aux navets se rattachent les **raves** (fig. 39), dont la principale variété, la *rave longue rose,* est

aussi tendre et aussi agréable à manger que le
radis rose (fig. 40).

    71. — La **carotte** (fig. 41) est une des plantes

FIG. 41. — Carotte.   FIG. 42. — Épinard.

potagères les plus communes. Elle vient bien
dans la plupart des sols.

    Les *semis* commencent dès le mois de février
et ils se prolongent jusqu'en mai, et même jus-

qu'en juillet, pour les variétés hâtives. Il faut de cent vingt à cent cinquante jours pour que la racine ait atteint sa grosseur complète.

Fig. 43. — Oseille.

On récolte les *carottes d'hiver* en novembre pour les conserver en cave; mais on peut les laisser en place, à la condition de les *abriter*.

Les principales **variétés** de carottes sont : la carotte *rouge longue*, la carotte *jaune longue*, la carotte *rouge demi-longue*, la carotte *courte*.

Quelques variétés de carottes sont cultivées pour nourrir les animaux domestiques.

72. — Les **épinards** (fig. 42) sont bons à cueillir quarante jours après le semis.

A l'**oseille** (fig. 43) il faut quatre mois pour atteindre son développement complet.

Les **romaines** (fig. 44) restent un peu plus longtemps en terre.

Fig. 44. — Laitue romaine.

On commence à récolter les premières deux mois et demi après le semis.

Vous voyez, par ces exemples, qu'on peut faire des récoltes dans le jardin à presque toutes les époques de l'année, et par conséquent avoir toujours de bons légumes sur sa table.

QUESTIONNAIRE. — Quelles sont les principales variétés de choux ? — Qu'appelle-t-on choux cabus ? — choux de Milan ? — choux verts ? — choux-fleurs ? — Qu'est-ce que le chou de Bruxelles ? — Quelles sont les précautions à prendre pour les semis de choux ? — Quelle est la partie du navet qui est comestible ? — Quelles sont les principales variétés de navets ? — Comment les cultive-t-on ? — Qu'appelle-t-on rave ? — A quelle époque fait-on les semis de carottes ? — Quels sont les travaux qui suivent les semis ? — Quelle est la durée de la végétation de la carotte ? — Quelles en sont les principales variétés ?

QUATORZIÈME LEÇON

OIGNON, AIL, POIREAU, ARTICHAUT, TOMATE

73. — Nous allons vous faire connaître encore quelques autres légumes.

L'oignon (fig. 45) est cultivé presque partout. On en connaît plusieurs variétés : l'oignon *blanc hâtif*, l'oignon *jaune*, l'oignon *rouge*.

Les *semis* de l'oignon rouge et de l'oignon jaune se font au commencement du printemps. Il faut de cent vingt à cent soixante jours pour qu'il soit mûr ; la *récolte* commence à la fin de mai dans le Midi.

FIG. 45. — Oignons.

L'oignon blanc hâtif est souvent semé à la fin de l'été, pour passer l'hiver en terre et être récolté au printemps.

74. — **L'ail** (fig. 46) est surtout cultivé dans le midi de la France. Il se multiplie le plus souvent par les caïeux de ses bulbes. Si l'on plante à la fin de l'hiver, ceux-ci peuvent être récoltés dès le commencement de juin.

L'oignon et l'ail doivent, après avoir été arrachés, rester quelque temps sur le sol pour achever d'y mûrir..

FIG. 46. — Ail.   FIG. 47. — Poireau.

On sème le **poireau** (fig. 47) au printemps, dès que le temps le permet. Sa végétation dure environ six mois. On en cultive deux variétés, le poireau long et le poireau court.

75. — L'**artichaut** est une plante vivace. On en mange la tête (fig. 48) avant qu'elle soit épanouie.

L'artichaut se multiplie par les *œilletons* qui se développent à la partie inférieure de la tige. On plante ces œilletons, dans les carrés, au mois d'avril. Pendant l'hiver, on coupe la tige et on rogne l'extrémité des feuilles qu'on attache ensemble, puis on butte fortement la plante en amoncelant la terre autour de la touffe. Au printemps les tiges repoussent, et de soixante à soixante-dix jours plus tard, la tête est bonne à cueillir.

FIG. 48. — Tête d'artichaut.

Une **plantation** d'artichauts bien soignée peut *durer* pendant quatre années environ, à la condition qu'elle soit bien labourée au printemps.

Les principales *variétés* sont l'artichaut *de Bretagne*, celui *de Paris*, celui *de Provence*.

76. — La **tomate** (fig. 49) est une plante méridionale. On peut cependant la cultiver dans la plus grande partie de la France, à condition de semer les graines sur couche à l'abri, au printemps. Elle donne ces beaux fruits rouges qu'on appelle des pommes d'amour.

Les *tiges* de la tomate sont très faibles, et elles doivent être soutenues par un *treillis*.

La *maturité* des fruits commence en août dans le midi de la France. Aux premiers froids, si les

Fig. 49. — Tomates.

fruits ne sont pas tout à fait mûrs, on arrache les pieds et on les suspend dans une chambre sèche, où les tomates peuvent achever de mûrir.

QUESTIONNAIRE. — Quelles sont les principales variétés d'oignons ? — Comment l'oignon est-il cultivé ? — Combien lui faut-il de temps pour mûrir ? — De quelle manière peut-on multiplier les plants d'ail ? — Quand sème-t-on le poireau ? — Quelles sont les principales variétés de poireau ? — Comment multiplie-t-on l'artichaut ? — Combien d'années une plantation d'artichauts peut-elle durer ? — Quelles sont les principales variétés d'artichauts ? — Dans quelle partie de la France cultive-t-on principalement la tomate ? — Que mange-t-on dans la tomate ? — Comment soutient-on les tiges de la tomate ? — Comment achève-t-on la maturité des fruits après l'arrachage des plantes

QUINZIÈME LEÇON

LES FRUITS

77. — La belle saison que celle des fruits !

Mais aussi que de soins sont nécessaires pour récolter ces *gros* et *bons fruits* qui font de si beaux desserts.

Les **arbres sauvages** ne donnent que des fruits *petits, durs, peu agréables* au goût. Et cependant c'est dans ces arbres que se trouve l'origine de ceux sur lesquels poussent des fruits bien plus gros et bien meilleurs.

Le secret de la différence est dans les soins qui ont été donnés aux arbres des jardins depuis des centaines d'années.

78. — On distingue trois espèces principales de fruits.

Les **fruits à noyau** sont formés par une masse charnue au milieu de laquelle la graine est enfermée dans un corps dur appelé *noyau*. Exemples : la *cerise*, la *prune*, l'*olive*.

Les **fruits à pépins** sont formés par une masse charnue au milieu de laquelle les graines, appelées *pépins*, sont renfermées dans les loges à parois molles. Exemples : la *pomme* (fig. 50), la *poire*.

Les **fruits en baie** sont ceux dont les graines sont placées, sans enveloppe spéciale, dans la masse, charnue et succulente. Exemples : la *gro-*

seille, le *raisin*, la *framboise*, la *figue*. Quelquefois les baies sont rassemblées de manière à former des *grappes*.

79. — Les **plantes fruitières** sont *herbacées* ou *ligneuses*.

A la première classe appartiennent le *fraisier* et le *melon*; à la deuxième, un grand nombre d'arbres et d'arbustes.

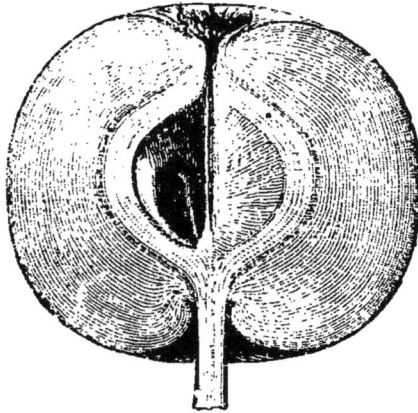

FIG. 50. — Pomme.

Les **arbres à fruits à noyau,** cultivés dans les jardins, en Europe, sont le *cerisier*, le *prunier*, le *pêcher*, l'*abricotier*, l'*amandier*, le *pistachier*, l'*olivier*.

Les **arbres à fruits à pépins** sont le *poirier*, le *pommier*, le *cognassier*, l'*oranger*, le *grenadier*, le *citronnier*.

Les **arbres et arbustes à fruits en baie** sont la *vigne*, le *framboisier*, le *groseillier*, le *figuier*.

80. — La plupart de ces arbres sont cultivés dans toutes les parties de la France. L'amandier, le pistachier, l'oranger, le grenadier, le citronnier, l'olivier, ne peuvent être plantés à l'air libre que dans les départements du Midi ; leurs fruits ont besoin, pour mûrir, d'une température élevée, qui en France est limitée à la basse vallée du Rhône et au bassin du Var.

D'autres arbres sont plus spécialement réservés aux vergers dans quelques localités. Exemple : le pommier en Normandie.

Quelques fruits servent à préparer des **boissons fermentées**. On fait le *vin* avec les raisins, — le *cidre* avec la pomme, — le *poiré* avec la poire.

D'autres fruits servent à faire des **sirops**. Tels sont le coing, l'orange, le citron, la grenade, la framboise, la groseille, la fraise, l'amande.

De l'olive et de la noix on retire de l'**huile**.

QUESTIONNAIRE. — Comment divise-t-on les fruits comestibles ? — Qu'appelle-t-on fruits à noyau ? — fruits à pépins ? — fruits en baie ? — Toutes les plantes fruitières sont-elles ligneuses ? — Quelles sont les plantes fruitières herbacées ? — Quels sont les principaux arbres à fruits à noyau cultivés en France ? — Quels sont les arbres à fruits à pépins ? — ceux à fruits en baie ? — Indiquez les arbres spéciaux à la région méridionale.

APPLICATIONS. — Avec quels fruits prépare-t-on le vin ? — le cidre ? — le poiré ? — Quels sont les fruits qui servent à faire des sirops ? — De quels fruits extrait-on de l'huile ?

SEIZIÈME LEÇON

BOURGEONS, TAILLE

81. — Examinons ensemble comment la *tige* et les *branches* des arbres fruitiers peuvent se développer.

Voici un pêcher.

Vous voyez à l'extrémité de chaque branche, et à l'aisselle des feuilles, des corps durs, qui sont recouverts de petites écailles. Ce sont des *bourgeons*.

C'est par les **bourgeons** que les arbres s'accroissent.

On dit que le bourgeon s'*épanouit*, lorsqu'il s'entr'ouvre pour laisser sortir les feuilles ou les fleurs auxquelles il donne naissance.

Presque toujours les bourgeons apparaissent pendant l'été, passent l'hiver sans se développer, et s'épanouissent au printemps suivant.

82. — On distingue trois sortes de bourgeons. Ce sont :

1° Les *bourgeons* **à bois**, produisant seulement des rameaux et des feuilles ; ils se distinguent par leur forme grêle et pointue ;

2° Les *bourgeons* **à fleurs** ou **à fruits**, ou **boutons**, renfermant une ou plusieurs fleurs ; ils sont gros et globuleux ;

3° Les *bourgeons* **mixtes**, contenant à la fois

des feuilles et des fleurs ; ils ont la même forme que les boutons.

Les bourgeons à fleurs et les bourgeons mixtes s'épanouissent, sur la plupart des arbres fruitiers, au printemps, avant les bourgeons à feuilles. C'est pour cette raison que les pommiers, par exemple, se chargent de fleurs, avant d'être couverts de feuilles.

83. — L'époque de l'**apparition** des *bourgeons à fruits* varie suivant les espèces. Chez les unes, ils se développent sur le *rameau de l'année*; chez les autres, ils n'apparaissent que lorsque ces *rameaux* sont âgés de *deux ans*, de *trois ans*, et même d'un plus grand nombre d'années.

Dans le premier cas, le jardinier dit que **l'arbre fleurit sur le bois de l'année;** c'est ainsi que les choses se passent pour la *vigne*.

Dans le deuxième cas, les arbres sont dits **fleurir sur le bois de deux, trois, quatre ou cinq ans.** Ainsi le *pêcher* fleurit sur le bois de deux ans. Pour la plupart des arbres fruitiers à pépins, la floraison se fait sur le bois plus âgé.

84. — Vous ne devez pas croire que les bourgeons à fruits viennent naturellement en aussi grande quantité que vous les voyez sur les arbres.

L'habileté du jardinier consiste à provoquer la sortie des bourgeons à fruits, et à faire disparaître les causes qui peuvent gêner leur développement.

C'est par la *taille* qu'on y arrive.

La **taille** des arbres fruitiers est la *suppression* d'une partie des rameaux.

85. — La taille se fait tout à la fois pour donner ou conserver aux arbres une *forme déterminée* et pour assurer une *production régulière de fruits*.

C'est en *hiver* que cette opération se pratique sur les arbres fruitiers ; *elle ne doit pas être retardée au delà du commencement du printemps*. Dans tous les cas, les rameaux à conserver doivent être devenus ligneux.

La manière de tailler règle la forme des branches et des rameaux des arbres.

86. — La taille reçoit plusieurs noms, suivant le but qu'on se propose. Ainsi, on l'appelle **émondage, élagage, tonte, écimage, recepage, pincement, ébourgeonnement.**

Émonder les arbres, c'est enlever les branches qui sont mortes.

Élaguer un arbre, c'est retrancher les branches vivantes, mal conformées ou mal placées.

Tondre un arbre, c'est ramener les rameaux à une longueur déterminée pour donner à l'ensemble une forme voulue. C'est ce qu'on fait pour les *charmilles* et les *haies*.

Écimer un arbre, c'est amputer la tête ou les branches principales.

Receper un arbre, c'est enlever presque toute

la tige, dans les jeunes arbres, en la coupant près du sol.

FIG. 51. — Serpe.

FIG 52. — Sécateur.

Pincer, ébourgeonner, c'est diminuer les rameaux herbacés, en les coupant avec l'ongle.

Dans tous les cas, l'effet immédiat de la

FIG. 53. — Cisailles.

taille est d'accumuler la sève dans les parties conservées.

87. — Les outils qui servent à pratiquer la

taille sont la *serpe* (fig. 51), la *serpette*, le *sécateur* (fig. 52), les *cisailles* (fig. 53). Pour atteindre les parties supérieures des branches, on monte sur une *échelle double* ou bien on se sert de *cisailles* portées par un long manche, et qu'on manœuvre à l'aide d'une ficelle.

On appelle **taille longue** celle qui laisse *plus de deux bourgeons* sur la partie conservée des rameaux ; **taille courte,** celle qui n'y laisse que *deux bourgeons.*

En règle générale, la **taille longue doit être appliquée aux arbres les plus vigoureux,** et la taille courte est réservée aux arbres plus faibles.

QUESTIONNAIRE. — Qu'appelle-t-on bourgeon ? — Qu'appelle-t-on épanouissement du bourgeon ? — Quand les bourgeons se forment-ils ? — Qu'est-ce qu'un bourgeon à bois ? — un bourgeon à fruit ? — un bouton ? — un bourgeon mixte ? — Comment distingue-t-on ces bourgeons les uns des autres ? — Les bourgeons se développent-ils sur tous les rameaux ? — Quand dit-on qu'un arbre fleurit sur le bois de l'année ? — sur le bois de deux ans ? — Qu'est-ce que la taille ? — Quel en est le but ? — A quelle époque pratique-t-on la taille ? — Quelles sont les principales sortes de taille ? — Quel est l'effet immédiat de la taille ? — Quels sont les outils employés pour la taille ? — Qu'est-ce que la taille longue ? — la taille courte ?

DIX-SEPTIÈME LEÇON

FORMES DONNÉES AUX ARBRES

88. — Vous voyez que tous les arbres de notre jardin sont loin de présenter le même aspect.

En voici quelques-uns qui sont *plantés isolément* dans les carrés ou le long des allées. On les appelle des **arbres sur tige.**

On leur donne le nom d'*arbres de plein vent* lorsqu'ils sont exposés de tous les côtés à l'action du vent.

En voici d'autres qui sont appliqués sur le mur, dont ils suivent la forme et la direction ; d'autres encore dont les branches sont attachées sur des treillis en fil de fer. C'est ce qu'on appelle des **arbres palissés** en *espaliers* et en *contre-espaliers.*

89. — Les arbres sur tige reçoivent des **formes** variées, qu'on dispose de telle sorte qu'on puisse obtenir une bonne maturation et qu'il soit facile de cueillir les fruits.

C'est par la taille que ces formes sont obtenues. On s'arrange pour maintenir des branches dès le pied de l'arbre.

L'arbre en **fuseau** (fig. 54) est un *arbre* qui ne présente, dans tout son pourtour et dans toute sa hauteur, que de petits rameaux ou brindilles, afin de multiplier le nombre des bourgeons fruitiers. Les arbres en fuseau peuvent être plantés très près les uns des autres.

L'arbre en **colonne** (fig. 55) est garni d'un certain nombre de branches qu'on maintient

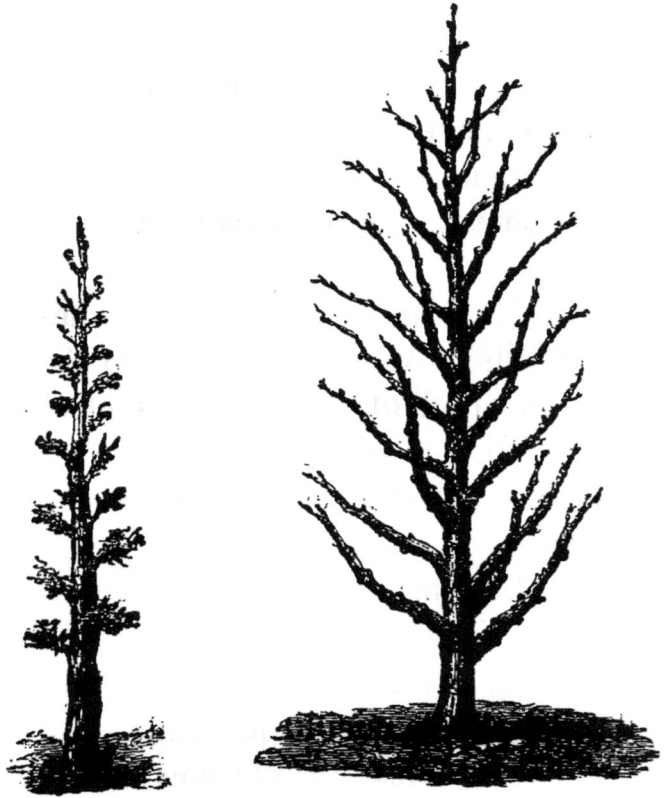

FIG. 54. — Arbre en fuseau.   FIG. 55. — Arbre en colonne.

courtes, de telle sorte que l'arbre offre une largeur presque uniforme de la base au sommet.

90. — Dans l'arbre en **quenouille** (fig. 56), les branches vont en diminuant de longueur, de

la base au sommet. C'est une des formes les plus
naturelles de l'arbre.

On forme l'arbre en **vase** (fig. 57) en *dirigeant
toutes les branches en forme de cercle* à l'aide de

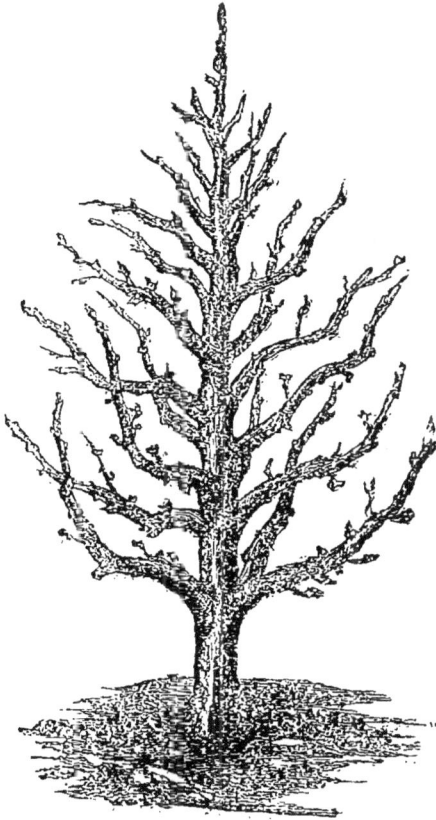

FIG. 56. — Arbre en quenouille.

cerceaux sur lesquels on les fait monter. Les branches peuvent être tenues absolument droites, ou
légèrement inclinées en dehors à leur partie
supérieure. Cette forme, qu'on appelle aussi
gobelet, présente cet avantage que l'air et la

lumière circulent plus facilement entre toutes les parties des branches.

91. — Le **palissage** des arbres est une *application forcée de toutes les parties de l'arbre contre un mur ou sur un treillis.* L'arbre palissé est étalé sur le mur ou le treillis dont il doit suivre les formes.

Fig. 57. — Arbre en vase ou gobelet.

Le but est de *couvrir entièrement le mur ou le treillis par les branches* et de multiplier sur les branches les boutons à fruits. Les murs sur lesquels les arbres sont attachés sont à une *exposition solaire* convenable , afin que les arbres reçoivent toute la chaleur et toute la lumière qui peuvent leur être données sous le climat où l'on se trouve.

La plupart des arbres fruitiers, quand ils sont palissés, ont la vie moins longue que lorsqu'ils sont en plein vent. Sauf pour le poirier et la vigne qui s'accommodent mieux de la direction forcée qui est donnée à leurs branches, la durée de ces arbres ne dépasse généralement pas vingt ou vingt-cinq ans.

92. — Lorsque l'arbre et ses branches sont

fixés contre un mur, l'arbre est dit en **espalier.**

Lorsque l'arbre est attaché sur un treillis placé à quelque distance d'un mur, l'arbre est dit en contre-espalier.

Les espaliers peuvent être établis de deux manières : ou bien en maintenant les branches de

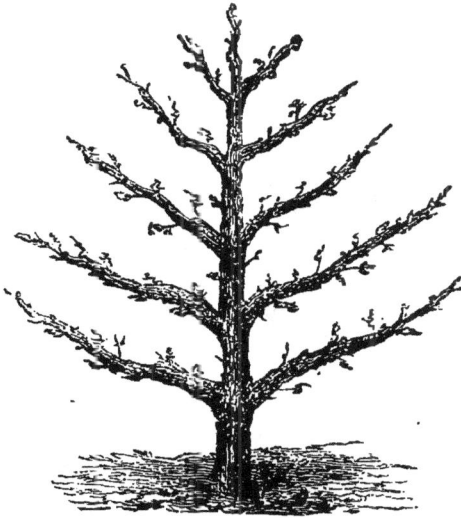

FIG. 58. — Arbre en palmette à branches obliques.

l'arbre sur un treillis appliqué au mur ; ou bien en appliquant directement les branches sur le mur, et en les y fixant par des chiffons de laine cloués. Dans le premier cas, l'espalier est *sur treillis;* dans le second cas, il est *à la loque.*

93. — Les arbres en espalier et en contre-espalier peuvent recevoir diverses formes.

Les deux principales sont la **palmette** et le **cordon.**

Dans l'arbre taillé *en palmette*, les branches
s'étalent à droite et à gauche du tronc, en éven-
tail. Dans la forme la plus simple, les branches
sont dirigées *obliquement* de chaque côté du tronc
(fig. 58).

Les branches peuvent être conduites *horizon-*

FIG. 59. — Arbre en palmette double.

talement, de telle sorte que l'aspect général de la
surface qu'elles couvrent est triangulaire.

Enfin, la *palmette peut être double* (fig. 59);
sur le tronc, deux branches principales sont dirigées de bas en haut, et elles portent des branches
fruitières latérales, obliques ou horizontales.

La taille en palmette peut provoquer la forma-
tion de branches très nombreuses et très régu-
lières; la figure 60 montre les résultats qui peuvent être obtenus sur un pêcher âgé de douze à

treize ans. Les jardiniers parviennent à faire suivre aux branches des directions très capricieuses, de manière à former des dessins très variés.

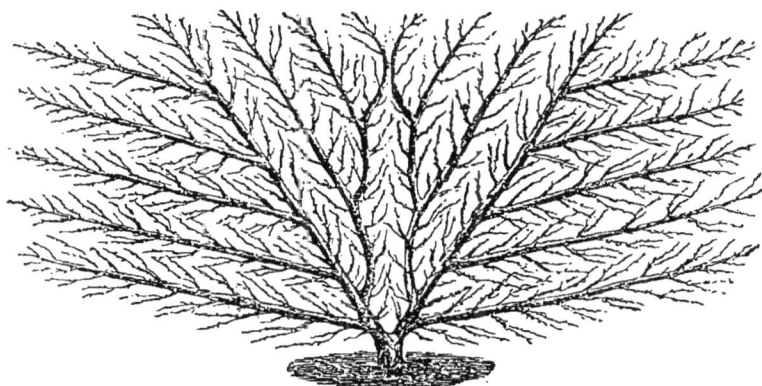

Fig. 60. — Pêcher de douze ans en palmette.

94. — Dans l'arbre taillé *en cordon*, la forme est la même que pour le fuseau en plein vent ; il

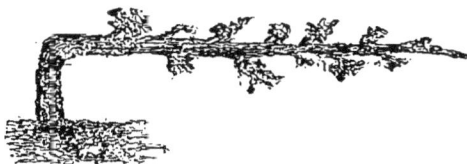

Fig. 61. — Arbre en cordon horizontal.

est *attaché sur un fil de fer* dont il suit la direction.

Le cordon est dit **horizontal,** lorsque la tige est courbée à angle droit (fig. 61) ; il est dit **oblique,** lorsque la tige est inclinée (fig. 62).

Les cordons sont le plus souvent *peu élevés au-dessus du sol*. Ils sont généralement établis le long des allées ou en contre-espalier ; ce n'est

Fig. 62. — Arbre en cordon oblique.

que rarement qu'ils sont placés en espalier. Les arbres en cordon produisent des fruits précoces et abondants.

QUESTIONNAIRE. — Qu'appelle-t-on arbres de plein vent ? — arbres palissés ? — Qu'est-ce qu'un arbre en fuseau ? — un arbre en colonne ? — un arbre en pyramide ? — un arbre en vase ? — Qu'appelle-t-on espalier ? — contre-espalier ? — Quelles sont les formes données aux arbres en espalier ? — Qu'est-ce qu'une palmette ? — Qu'appelle-t-on palmette double ? — Qu'est-ce qu'un cordon ? — Qu'entend-on par cordon horizontal ? — cordon oblique ?

DIX-HUITIÈME LEÇON

PRINCIPAUX FRUITS A PÉPINS

95. — Examinons successivement chacune des principales espèces d'arbres que nous cultivons.

FIG. 63. — Fleurs du poirier.

Voici d'abord un *poirier*.

Le **poirier** est l'arbre fruitier le plus répandu dans toutes les parties de la France. Il pousse à l'*état sauvage* dans les régions tempérées de l'Europe et de l'Asie; par la culture, on en a obtenu un très grand nombre de variétés dont les fruits diffèrent par la forme, la grosseur, la saveur, l'époque de la maturité, les usages.

Le poirier peut être cultivé de toutes les manières : en *plein vent*, en *quenouille*, en *espalier*, en *contre-espalier*. Dans les régions septentrionales, la maturité d'un grand nombre de variétés ne peut être régulière qu'en espalier.

Le poirier est **greffé** sur *poirier franc* ou sur *cognassier*. Le poirier franc est celui qui est obtenu par semis de pépins.

FIG. 64. — Poires.

96. — Le *fruit du poirier* est la **poire** (fig. 64). C'est un fruit à pépins, ventru, s'allongeant en pointe du côté de la queue.

Les variétés de poires sont divisées en **fruits à cuire,** c'est-à-dire qui doivent être cuits pour être mangés, et **fruits à couteau,** que l'on mange crus.

Dans ces deux catégories se rangent un grand nombre de variétés qui sont appelées poires d'*été*, d'*automne* ou d'*hiver*, suivant l'époque à laquelle elles mûrissent. La valeur de ces variétés s'établit d'après le volume des fruits et la nature de leur chair qui doit être juteuse et fondante, en même temps que sucrée et parfumée.

Les poires d'été et d'automne sont cueillies en

FIG. 65. — Fleurs du pommier.

pleine maturité ; celles d'hiver sont cueillies encore vertes ; elles achèvent de mûrir dans le fruitier.

On cultive dans les jardins plus de mille variétés de poires.

97. — Passons au *pommier*.

Le **pommier** est un arbre des régions tempérées, qui se développe surtout dans le centre et le nord de la France. Il pousse à l'état sauvage dans les régions tempérées de l'Europe. De même que pour le poirier, la culture a obtenu un très grand nombre de variétés de pommiers, très différentes les unes des autres par la grosseur, la forme, la couleur et la saveur des fruits.

Le pommier est cultivé en *plein vent* ou en *contre-espalier*, *quenouille* et *cordon*. La forme en plein vent lui convient mieux.

Le pommier est **greffé** sur *pommier franc*, c'est-à-dire sur pommier venu de semis de pépins.

98. — Le fruit du pommier est la **pomme**. C'est un fruit à pépins, presque rond.

Les pommes sont divisées en **fruits de table,** c'est-à-dire propres à être mangés, et en **fruits à cidre,** c'est-à-dire plus spécialement propres à la fabrication du cidre. Parmi les fruits de table, on distingue, comme pour les poires, les fruits à couteau et les fruits à cuire.

Les variétés de fruits de table sont nombreuses. Suivant l'époque de leur maturité, on les divise en fruits d'*été*, fruits d'*automne* et fruits d'*hiver*.

QUESTIONNAIRE. — Dans quels pays le poirier croît-il à l'état sauvage ? — Comment appelle-t-on le fruit du poirier ? — Quelle est la forme de la poire ? — Comment divise-t-on les variétés de poires ? — Comment cultive-t-on le poirier ? — Comment le greffe-t-on ? — Comment cultive-t-on le pommier ? — Quelle est la forme de la pomme ? — Comment distingue-t-on les pommes ? — Qu'appelle-t-on pomme à cidre ?

DIX-NEUVIÈME LEÇON

PRINCIPAUX FRUITS A NOYAU

99. — Vous vous souvenez de la distinction établie entre les fruits à noyau et les fruits à pépins.

Vous savez que les principaux arbres à fruits à noyau sont le *pêcher*, le *prunier* et le *cerisier*.

Nous allons les passer en revue, ainsi que nous l'avons fait pour le poirier et le pommier.

100. — **Le pêcher**, originaire de l'Asie, est un des arbres fruitiers les plus recherchés.

Cet arbre est cultivé en *plein vent* dans le midi de la France; mais dans le nord il doit être placé en *espalier à une bonne exposition;* c'est celle du sud-est qui lui convient le mieux. Dans beaucoup de pays, on plante les pêchers dans les vignes.

Le pêcher est **greffé** soit sur *pêcher franc*, soit sur *amandier*, soit sur plusieurs espèces de *prunier*.

Le *fruit* du pêcher est la **pêche** (fig. 66). C'est un *fruit à noyau*, rond, à chair sucrée, avec une dépression à l'insertion de la queue, et un sillon sur l'un des côtés.

101. — On distingue quatre *groupes* de pêches:

1° **Pêches proprement dites**, à peau duveteuse, à chair fondante, non adhérente au noyau;

2° **Pavies**, à peau duveteuse, dont la chair est ferme, adhérente au noyau;

3° **Pêches lisses,** à chair fondante, non adhérente au noyau ;

4° **Brugnons,** à peau lisse, chair ferme, adhérente au noyau.

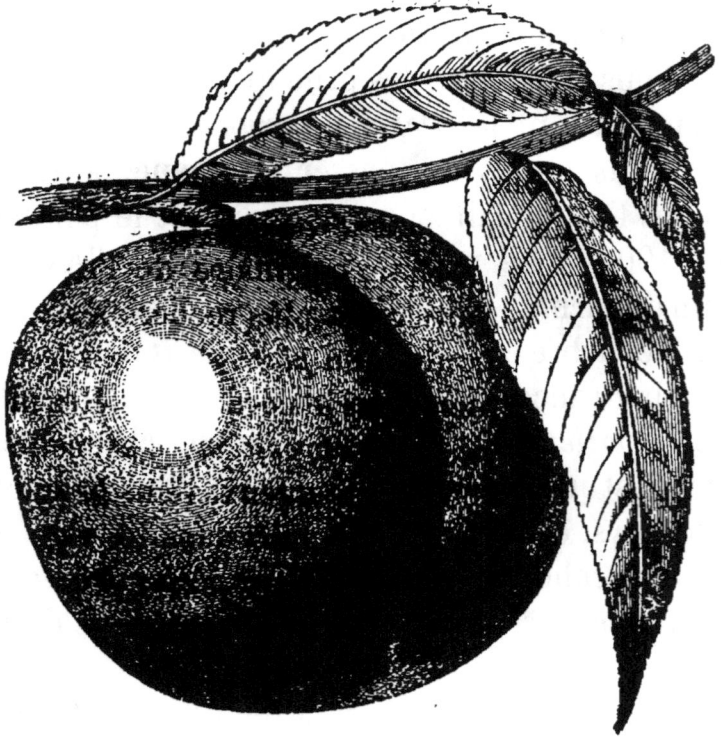

FIG. 66. — Pêche.

Les pêches mûrissent, suivant les variétés et
les climats, depuis le mois de juillet jusqu'en
octobre.

102. — **Le cerisier** est cultivé dans toute la
France soit en *plein vent* ou *palissé* dans les *jardins fruitiers*, soit en liberté dans les *vergers* où

cet arbre atteint de très grandes dimensions.

Le cerisier est **greffé** sur *cerisier franc*, sur *merisier* ou sur *prunier de Mahaleb*.

Les **variétés** de cerisier cultivées proviennent de deux types sauvages : celles à *fruit acide*, du cerisier proprement dit, originaire d'Asie; celles à *fruit doux et sucré*, du merisier d'Europe.

Le *fruit* du cerisier est la **cerise** (fig. 67), *petit fruit à noyau*, rond, de couleur rouge plus ou moins prononcée.

103. — Les principales *variétés* de cerises sont :

1° La **cerise** proprement dite, appelée **griotte** dans le Midi, dont la cerise de Montmorency est le type; c'est un fruit acide, rouge;

FIG. 67. — Cerises.

2° La **guigne**, appelée **cerise** dans le Midi, de couleur rouge noir, à chair presque ferme, de saveur douce;

3° Le **bigarreau**, peu coloré, à chair ferme, de saveur très douce;

4° La **cerise anglaise**, fruit arrondi, à saveur sucrée un peu acide.

Les fruits du merisier sauvage, appelés *me-*

rises, sont distillés pour faire une liqueur alcoolique connue sous les noms d'**eau-de-cerise, kirsch,** etc.

104. — **Le prunier** est surtout cultivé en plein vent. On en connaît aujourd'hui plus de trois cents variétés. Elles viennent toutes en plein vent en France.

Les procédés de multiplication les plus généralement adoptés sont la plantation des *rejets* et la *greffe* sur prunier franc.

Le fruit du prunier est la **prune.** Le fruit de quelques variétés, quand il a été desséché, reçoit le nom de **pruneau.**

Les principales *variétés* de prunes sont la prune d'Agen ou d'*ente,* la reine-claude, la prune de monsieur, la mirabelle, la prune de Damas, la quetche.

QUESTIONNAIRE. — De quel pays le pêcher est-il originaire? — Comment le pêcher doit-il être cultivé? — Sur quels arbres greffe-t-on le pêcher? — Quelle est la forme de la pêche? — Quelles sont les principales variétés de pêches? — Comment cultive-t-on le cerisier? — Sur quels arbres greffe-t-on le cerisier? — Comment distingue-t-on les variétés de cerises? — Qu'est-ce que la cerise proprement dite? — la guigne? — le bigarreau? — la cerise anglaise? — Comment cultive-t-on le prunier? — Qu'est-ce qu'un pruneau? — Quelles sont les principales variétés de prunes?

APPLICATION.— Indiquez l'usage que l'on fait des fruits du merisier sauvage.

VINGTIÈME LEÇON

PRINCIPAUX FRUITS EN BAIE

105. — Je vous ai déjà dit que les *fruits en baie* sont ceux dans lesquels les graines nagent, pour ainsi dire, dans une petite masse presque liquide et succulente, qui forme la partie du fruit que vous mangez. C'est le *jus* du fruit, qui est recouvert d'une peau peu épaisse.

Ouvrez ce grain de **raisin**. Au-dessous de la peau, voici le jus qui découle sur vos doigts ; au milieu vous voyez ces petit corps durs : ce sont les *graines*, qu'on appelle aussi des *pépins*.

Les principaux fruits en baie sont le *raisin*, la *groseille*, la *framboise*, la *figue*.

Ils sont produits par la vigne, le groseillier, le framboisier, le figuier.

106. — La **vigne** est cultivée, dans une grande pertie de la France, pour la production du *vin*. Dans les jardins, elle est plantée pour donner das *fruits de table*. La méthode de culture généralement adoptée est celle de la **treille**.

La vigne est plantée au pied d'un *treillage* ou d'un *mur à chaperon saillant*, et les branches sont attachées horizontalement sur le chaperon. Le treillage peut affecter la forme d'un berceau.

La vigne en treille est **multipliée** par *bouture*

ou par *marcottes*, quelquefois par la *greffe*.
La vigne **fructifie** sur le bois de l'année. Le

FIG. 68. — Groseillier épineux.

mode de **taille** doit avoir pour but d'assurer la
production du *sarment* qui portera les fruits.

Le *fruit* de la vigne est le **raisin**. C'est une
grappe de petites baies, rondes ou allongées, de

couleur violacée ou roux blanc; suivant la couleur, on dit des *raisins noirs* ou des *raisins blancs*.

Les principales **variétés** cultivées pour donner des fruits de table, sont le *chasselas* et le *muscat*.

107. — Le **groseillier** (fig. 68) est un arbuste originaire des contrées montagneuses de l'Europe.

Dans les jardins, il est **multiplié** le plus généralement par *boutures* et par *marcottes*. On le **taille** souvent en *vase*, à une faible hauteur au-dessus du sol.

On cultive trois espèces de groseilliers :

1° Le **groseillier à grappes**, dont le fruit (fig. 69) présente la forme d'une grappe à baies rouges ou blanches;

Fig. 69. — Grappe de groseilles.

2° Le **groseillier épineux** ou à **maquereau**, à fruit isolé, un peu allongé, de couleur variable;

3° Le **groseillier noir** ou **cassis**, à fruit en grappe, à baies noires.

C'est par la distillation des fruits de cette dernière espèce qu'on fabrique la liqueur appelée **cassis**.

108. — Le **figuier** est un arbre dont la taille

varie beaucoup suivant les régions où il est cultivé. Dans le nord de la France, il reste le plus
souvent à l'état d'arbuste; dans la région mari-
time et dans le Midi, il atteint la hauteur d'un
arbre véritable.

C'est surtout un arbre de la région méridionale,

Fig. 70. — Figues.

car sous le climat de Paris les fruits ne mûrissent pas dans les années froides, à moins que
l'arbre ne soit à une *exposition* chaude.

Le *fruit* du figuier est la **figue** (fig. 70). C'est
une baie à chair molle et sucrée, dont la forme
rappelle celle d'une poire, et dont la couleur est
assez variable. La *maturité* commence géné-

ralement en août, pour se continuer pendant l'automne.

On distingue les figues blanches, les figues co-

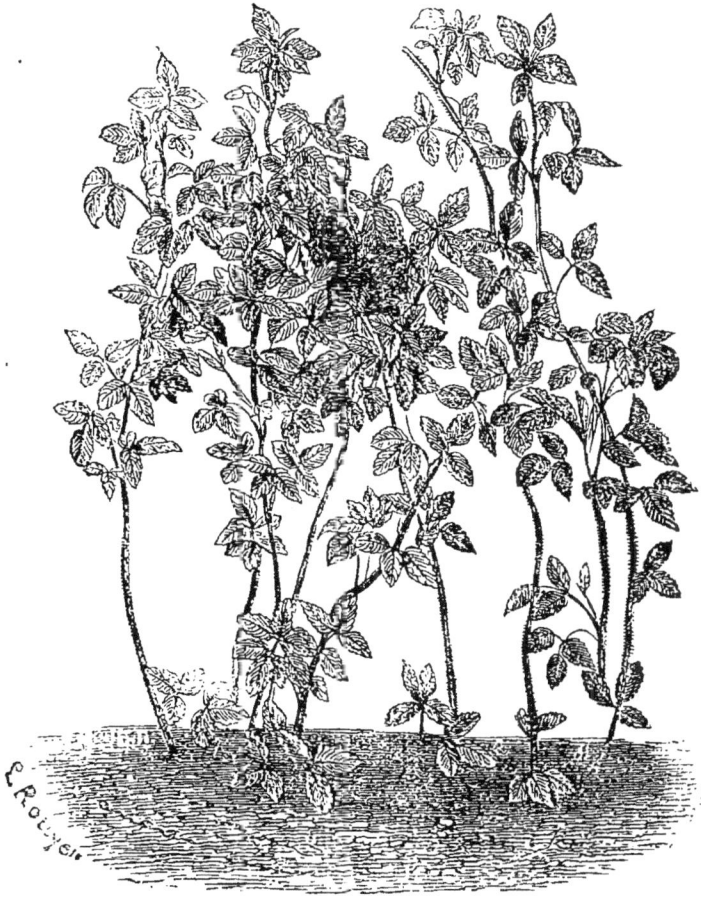

Fig. 71. — Framboisier.

lorées, les figues noires. Quelques variétés donnent deux récoltes de fruits, l'une à la fin du printemps, l'autre pendant l'été.

Le figuier peut se multiplier par *graines ;* mais le plus souvent on a recours aux *marcottes* et aux *boutures.*

109. — Le **framboisier** (fig. **71**) est un arbrisseau qui croît spontanément dans toute l'Europe.

On le **multiplie,** dans les jardins, par *boutures* ou par *marcottes.* On le cultive en *lignes* ou en forme de *buisson.*

Le fruit du framboisier est **la framboise,** petite baie, de couleur rouge tournant au noir, mûrissant de juillet en août.

La culture a multiplié les variétés de framboisier.

QUESTIONNAIRE. — Quelle est la méthode de culture adoptée pour la vigne dans les jardins ? — Qu'est-ce qu'une treille ? — Comment les treilles sont-elles établies ? — Comment taille-t-on la vigne en treille ? — Qu'est-ce que le raisin ? — Quelles sont les variétés de raisin cultivées pour la table ? — De quel pays le groseillier est-il originaire ? — Quelles sont les méthodes employées pour multiplier le groseillier ? — Comment est-il taillé ? — Quelles sont les principales espèces de groseilliers ? — Comment le framboisier est-il cultivé dans les jardins ? — Quelle est la forme de la framboise ? — A quelle époque la framboise mûrit-elle ?

APPLICATIONS. — Indiquez la boisson fabriquée avec le raisin. — Indiquez la liqueur fabriquée avec les fruits du groseillier noir.

VINGT ET UNIÈME LEÇON

PLANTES FRUITIÈRES HERBACÉES

110. — Jusqu'ici je ne vous ai parlé que des *arbres* et *arbrisseaux* cultivés pour leurs fruits.

Mais il y a d'autres plantes qui donnent des fruits que vous aimez beaucoup. Ce sont des *plantes herbacées* que vous rencontrez dans tous les jardins. Vous avez deviné que je veux vous parler du *fraisier* et du *melon*.

111. — Le **fraisier** (fig. 32, page 40) est une *plante herbacée*, vivace, facile à cultiver dans toutes les parties de la France. Cette plante est commune dans les forêts ; elle donne des fruits en baie, de couleur rouge, très estimés.

Les fraisiers sont cultivés dans les jardins, le plus ordinairement en **bordure,** c'est-à-dire sur la *partie des carrés qui s'étend le long des allées.* C'est le plus souvent par leurs petites tiges traînantes, qu'on appelle des *coulants*, que se pratique la multiplication de ces plantes.

Le *fruit du fraisier* est la **fraise.**

Il y a un très grand nombre de *variétés* de fraises. Elles peuvent se diviser en deux catégories : les petites et les grosses. A la première catégorie appartiennent la *fraise des bois*, la *fraise des quatre saisons;* à la deuxième catégorie, la *fraise de Montreuil*, la *fraise ananas*. Les fruits des deux premières variétés ont un *parfum* très suave.

112. — Le **melon** est souvent classé parmi les plantes potagères ; mais il appartient, au même titre que le fraisier, aux plantes à fruits.

Le melon est une *plante herbacée, annuelle*, à tiges sarmenteuses, et traînantes sur le sol. La culture du melon diffère dans les jardins des diverses parties de la France. Dans le *Midi*, le melon est cultivé en carré, **en plein air,** et n'est soumis à la culture sur couche que lorsque l'on

FIG. 72. — Melon cantaloup.

veut obtenir des primeurs ; dans le *centre* de la France, le fruit du melon doit être placé **sous cloche** pour mûrir ; enfin, dans le *Nord,* le melon est cultivé **sur couche et avec abris.**

Les rameaux qui ne fleurissent pas sont *taillés*. Les meilleurs fruits sont ceux qui *mûrissent* sous l'influence d'une *chaleur régulière.*

113. — Les **variétés** de melon sont très nombreuses. Je vais vous en indiquer quelques-unes.

Le melon **cantaloup** (fig. 72) est rond ; il est couvert de côtes larges et aplaties, séparées par des sillons étroits ; sa chair est rouge ou rosée, fondante et très sucrée.

Le melon **brodé** a une forme semblable à celle du melon cantaloup, mais il n'a pas de côtes ; sa peau est recouverte de dessins qui ressemblent à de la véritable broderie ; sa chair, fondante, est peu sucrée.

Le melon **à chair blanche,** cultivé surtout dans le midi de la France, est allongé ; sa peau est verte ou jaunâtre ; sa chair est blanche ou verdâtre, très juteuse, très sucrée. Le *melon de Cavaillon* (fig. 73)

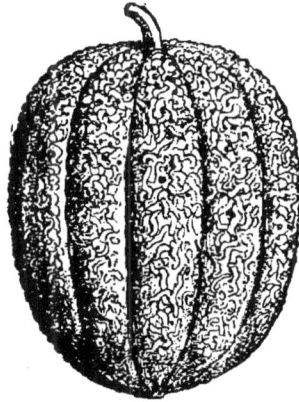

FIG. 73. — Melon de Cavaillon.

est une des principales formes de cette variété, et l'une des plus estimées.

QUESTIONNAIRE. — Qu'est-ce que le fraisier ? — Comment le fraisier est-il cultivé dans les jardins ? — De quelle manière le fraisier se multiplie-t-il ? — Comment divise-t-on les variétés de fraisier ? — Quelles sont les principales ? — Qu'est-ce que le melon ? — Comment le cultive-t-on dans le midi de la France ? — dans le centre ? — dans le nord ? — Quelle est la condition nécessaire pour que le melon mûrisse bien ? — Quelles sont les principales variétés de melons ?

VINGT-DEUXIÈME LEÇON

LES PLANTES D'ORNEMENT

114. — L'agréable doit venir après l'utile.

Nous avons passé en revue, dans le jardin, les *plantes utiles*, celles qui donnent des légumes, et celles sur lesquelles on récolte des fruits.

Maintenant nous allons nous occuper des **plantes d'agrément**, de celles que nous cultivons pour le plaisir de nos yeux, pour faire du jardin un lieu où l'on se plaise.

115. — On cultive les **plantes d'ornement** pour leurs *fleurs* ou pour leurs *feuilles*.

On appelle **plantes florales** les plantes rustiques ou venant en plein air, recherchées pour la *beauté* ou le *parfum* de leurs **fleurs**.

Les plantes cultivées pour leur *feuillage* sont celles dont les **feuilles** présentent, d'une manière permanente ou à certaines époques, des *teintes variées*, plus ou moins éclatantes. Ces plantes sont beaucoup moins répandues que les premières dans les *jardins des campagnes*.

Les *plantes florales* sont cultivées en *pleine terre* ou en *pots*.

116. — Le **parterre** est la partie du jardin réservée à la culture des plantes florales en pleine terre.

Les plantes florales sont disposées en **corbeille** lorsqu'elles sont groupées en *massifs* d'étendue et de forme variables, qui sont le plus souvent arrondis.

Elles sont en **plates-bandes,** lorsqu'elles sont semées ou plantées *en lignes* voisines des allées.

Fig. 74. — Une brouettée de fleurs.

Elles constituent des **bordures,** lorsqu'elles sont placées en *lignes* sur le bord des carrés, de manière à les séparer des allées.

117. — La **culture en pots** consiste à faire

pousser les plantes d'ornement dans des *pots en terre cuite* dont le fond est muni d'un *trou*. Les pots sont remplis de terre, au-dessus d'une *couche de petites pierres* ou de *gravier*, qui forme ce qu'on appelle le *drainage* du pot, en vue d'assurer l'écoulement des eaux d'arrosage.

La culture en pots est réservée généralement

Fig. 75. — Pâquerette double.

aux plantes pour lesquelles la *terre de bruyère* ou un *terreau riche* sont nécessaires.

118. — Les plantes d'ornement sont des *arbustes* ou *arbrisseaux*, des *plantes vivaces*, ou des *plantes annuelles*.

La plupart des **plantes vivaces d'ornement** sont semées pendant l'été en *pépinière*, et *mises en place* à l'automne ou au printemps suivant.

Lorsqu'elles ont atteint leur développement,

il faut, chaque année, couper les *tiges florales* dès que les fleurs sont passées. Leur *multiplication* se fait par le semis, par *éclats des racines*, par *boutures* et par *marcottes*.

Vous connaissez, parmi les principales plantes vivaces des jardins des campagnes, l'*anémone*, le *géranium*, la *giroflée*, la *pâquerette double* (fig. 75), la *pensée*, la *primevère*, la *violette*.

Les **plantes bulbeuses** sont des plantes vivaces que l'on multiplie le plus souvent en détachant les caïeux ou petits bulbes qui apparaissent au pied de la tige. D'autres se multiplient par tubercules qui se conservent d'une année à l'autre. A cette catégorie appartiennent : l'*anémone*, le *colchique*, le *dahlia*, le *glaïeul*, l'*iris*, la *jacinthe*, le *lis*, le *narcisse*, la *tulipe*.

119.—Les plantes **annuelles** ou **bisannuelles** se reproduisent par les *semis*. Ceux-ci sont faits à des époques variables, suivant les plantes, depuis la fin de l'hiver jusqu'au milieu de l'été.

L'époque de la *floraison* varie avec les espèces. En combinant les semis avec habileté, on peut avoir des corbeilles ou des plates-bandes en fleurs pendant presque toute l'année.

Un certain nombre de plantes *vivaces* peuvent être cultivées comme *plantes annuelles*.

Je ne peux pas vous donner la liste de toutes les plantes florales cultivées en pleine terre dans les jardins. Mais en voici quelques-unes que vous

connaissez tous : l'*amarante*, la *balsamine*, la
belle-de-jour, la *belle-de-nuit*, le *bleuet*, la *cam-
panule*, plusieurs variétés de *giroflées*, de *pensées*,
l'*immortelle annuelle*, le *pétunia*, le *réséda*.

Les soins de *binages* et d'*arrosages* à donner à
ces plantes varient suivant leurs variétés, la
nature du sol du jardin, le climat et les circon-
stances spéciales, selon que l'année est chaude
ou froide, sèche ou humide.

120. — Les **plantes grimpantes** sont des

FIG. 76. — Capucine.

plantes à tiges longues et minces, qui ne peuvent
se soutenir elles-mêmes, et s'attachent ou s'en-
roulent sur les *murs*, les *treillages*, les *arbres*
auprès desquels elles poussent.

Les plantes grimpantes sont le plus souvent
employées pour garnir les *murailles*, les *berceaux*,
les *tonnelles* dans les jardins.

Les plantes grimpantes *vivaces* sont le *lierre*, la *vigne vierge*, la *glycine*.

Les principales plantes grimpantes *annuelles* sont la *capucine* (fig. 76), le *houblon*, le *pois de senteur*, le *volubilis*, le *liseron*.

121. — Les **plantes aquatiques** sont celles qui vivent dans l'eau. Dans les jardins elles peuvent servir à garnir les bassins.

Les plantes aquatiques sont dites *submergées*, quand toutes leurs parties vivent constamment sous l'eau ; — *flottantes* ou *nageantes*, lorsque leurs feuilles et leurs fleurs viennent s'épanouir à la surface de l'eau ; — *émergées*, quand le bas de la tige seulement baigne dans l'eau.

Les principales plantes aquatiques d'ornement sont : parmi les plantes nageantes, les *nénuphars* ; dans la catégorie des plantes émergées, le *plantain d'eau*, le *jonc fleuri*.

Une *plante potagère*, le **cresson**, est une plante nageante. Il pousse très bien dans les eaux claires et froides des sources, en terre forte.

QUESTIONNAIRE. — Quelle différence faites-vous entre les plantes utiles et les plantes d'agrément ? — Qu'appelez-vous plantes florales ? — Qu'est-ce qu'un parterre ? — une corbeille ? — Qu'appelez-vous plate-bande ? — Qu'entendez-vous par bordure ? — Comment fait-on la culture en pots ? — De quelle manière cultive-t-on les plantes vivaces d'ornement ? — Citez-en quelques-unes. — Qu'est-ce qu'une plante bulbeuse ? — Comment cultive-t-on les plantes annuelles d'ornement ? — Qu'appelez-vous plantes grimpantes ? — Comment s'en sert-on ? — Quelles sont les principales plantes grimpantes ? — Qu'est-ce qu'une plante aquatique ? — Où vient le cresson ?

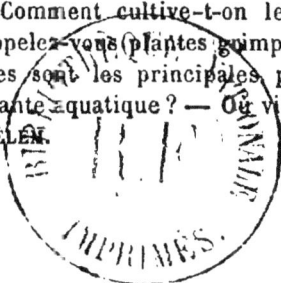

VINGT-TROISIÈME LEÇON

ARBUSTES ET ARBRISSEAUX D'ORNEMENT

122. — Il y a des *arbustes* et des *arbrisseaux* dont les fleurs sont très belles ou ont un parfum très agréable.

Ces arbrisseaux sont cultivés dans les *plates-bandes* ou en *pots*.

Les principaux arbustes et arbrisseaux d'ornement sont le *rosier*, l'*œillet*, la *reine-marguerite*, le *fuchsia*, la *verveine*.

123. — Le **rosier** est cultivé dans presque tous les jardins de France.

La fleur du rosier est la **rose**.

Les roses *simples* sont formées de cinq petites feuilles colorées, qu'on appelle des *pétales*.

Les *roses doubles* sont celles qui renferment un plus grand nombre de pétales. Elles sont *demi-doubles*, *doubles*, *pleines*, suivant la quantité de leurs pétales.

La **couleur** des roses varie du *blanc pur* jusqu'au *pourpre* très foncé. Quelques variétés ont des fleurs jaunes.

Le rosier se multiplie par semis, par *éclats des racines*, par *marcottes*, par *boutures*. Il est aussi multiplié par *greffe;* le plus souvent il est greffé sur *rosier sauvage* ou *rosier des chiens*, communément appelé *églantier*.

Les variétés de roses obtenues par la culture sont très nombreuses.

124. — Le **fuchsia** est un arbrisseau, devenu très commun dans les jardins.

Il est surtout cultivé en pots, pour ses *fleurs pendantes*, en forme de clochettes, roses ou rouges, quelquefois teintées de blanc.

Sous le climat de Paris, les fuchsias doivent être rentrés pendant l'hiver.

125. — L'œillet est un petit arbrisseau à *souche* ligneuse et à *rameaux* herbacés, très rustique, dont les *fleurs* sont recherchées pour leur coloris éclatant et leur parfum suave. La principale espèce est l'*œillet des fleuristes* (fig. 77).

FIG. 77. — Œillet des fleuristes.

L'œillet est cultivé en *pots,* en *plate-bande* ou en *corbeille.*

Il se multiplie par *semis,* par *marcottes*

ou par *boutures*. C'est une plante à laquelle convient une bonne exposition au midi.

La **verveine** est une *plante ligneuse rampante*, souvent recherchée pour la beauté de ses fleurs, qui durent pendant la plus grande partie de l'été.

Elle est surtout cultivée en corbeille. Le bouturage et le marcottage sont les principales méthodes adoptées pour la multiplier.

126. — Pour former les **haies vives** servant de *clôtures* dans les jardins, il faut choisir les *plantes ligneuses* qui croissent le mieux en lignes serrées et dont les tiges sont bien garnies de rameaux vigoureux.

Les arbrisseaux que l'on choisit pour établir les *haies défensives*, sont **épineux.** Tels sont l'*aubépine*, qui vient bien dans la plupart des sols, le *houx* et l'*ajonc*.

Le long des haies des jardins, on peut planter des *arbres fruitiers de plein vent*.

Les soins principaux à donner aux haies consistent dans une *taille* annuelle, appelée **tonte**, qui ramène les rameaux à la forme d'un mur, et dans l'**élagage** des rameaux.

QUESTIONNAIRE. — Quels sont les principaux arbustes d'ornement ? — Comment appelez-vous la fleur du rosier ? — Qu'est-ce qu'une rose simple ? — une rose double ? — Toutes les roses sont-elles de la même couleur ? — Comment multiplie-t-on le rosier ? — Qu'est-ce que le fuchsia ? — De quelle manière le cultive-t-on ? — Qu'est-ce que l'œillet ? — Qu'est-ce que la verveine ? — Comment la cultivez-vous ? — Quelles sont les plantes qu'on choisit pour faire des haies ? — Indiquez quelques arbustes qui forment de bonnes haies ? — Quels soins donne-t-on aux haies ?

VINGT-QUATRIÈME LEÇON

ENNEMIS DU JARDIN

127. — Pendant que vous prenez beaucoup de peine pour cultiver votre jardin, que vous choisissez les meilleures plantes auxquelles vous donnez tous vos soins, une foule d'**ennemis** vous entoure et cherche à vivre à vos dépens.

La terre, les murs, les haies, donnent abri

Fig. 78. — Mulots.

à tous ces ennemis, dont le plus grand nombre sont des *animaux*.

Vous devez leur faire une *guerre acharnée*, si vous voulez avoir de bonnes récoltes de légumes ou de fruits. C'est une guerre de *défense*, dans laquelle tous vos efforts devront être réunis pour remporter la victoire.

La première condition, pour réussir dans cette lutte, est de *connaître ses ennemis*.

128. — Parmi les *quadrupèdes*, les petits **ron-geurs,** au premier rang desquels il faut placer les *souris*, les *campagnols*, les *mulots* (fig. 78), causent beaucoup de mal dans les jardins. Tan-tôt ils dévorent les plantes potagères, tantôt ils s'attaquent aux bourgeons des arbustes et même

FIG. 79. — Limace.

aux arbres. C'est par les pièges et par les appâts empoisonnés qu'on parvient à les détruire ou, au moins, à en diminuer le nombre.

Quelques autres animaux font des ravages considérables, principalement dans les *cultures potagères* et dans les *plates-bandes* de fleurs. Vous connaissez les **limaces** (fig. 79), les **escar-gots** ou *hélices* (fig. 80), les *cloportes*. Ces ani-

maux s'abritent sur les murs ou les troncs
d'arbres, dans les fentes des écorces, derrière les
espaliers, sous les pots à fleurs. Ils dévorent les

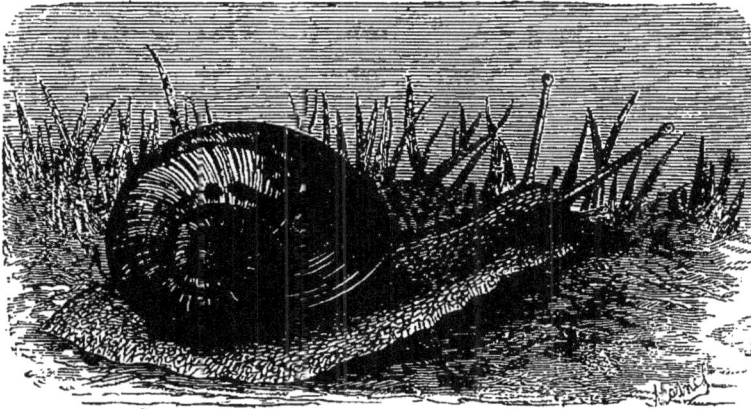

FIG. 80. — Escargot.

jeunes pousses et les racines. Il faut les écraser,
les détruire par l'eau bouillante, ou bien en ré-
pandant de la chaux en poudre dans les carrés.

129. — C'est parmi les **insectes** (fig. 81)

FIG. 81. — Insectes sous les fleurs.

que l'on compte le plus grand nombre d'ennemis des jardins. Ceux d'entre eux qui font le plus

de tort à la plupart des cultures, sont le *hanneton*, les *courtilières*, les *guêpes* (fig. 82), les *punaises*, les *altises*, les *pucerons*, les *piérides* ou *papillons blancs*, les *fourmis*, les *teignes*, etc.

Chaque plante compte autour d'elle un véritable essaim d'insectes de toutes sortes, aux-

FIG. 82. — Guêpe.   FIG. 83. — Hanneton.

quels le jardinier doit faire par tous les moyens en son pouvoir une guerre acharnée.

Certains insectes sont nuisibles sous forme de *larves* ou de *chenilles*, d'autres à l'état d'*insectes parfaits*.

130. — **Au premier rang des insectes dévastateurs se place le hanneton** (fig. 83).

Sa larve (fig. 84) est connue partout sous le nom de *ver blanc*. Elle passe deux ans en terre avant de se transformer en chrysalide (fig. 85 et 86), pour devenir insecte ailé. Pendant ce temps elle ronge les racines de toutes les plantes.

Il faut faire une chasse active aux hannetons pendant les mois de mai et de juin, et détruire

FIG. 84. — Ver blanc.

FIG. 85. — Chrysalide du hanneton vue par-dessus.

FIG. 86. — Chrysalide du hanneton vue par-dessous.

les vers blancs en créant des appâts qui les attirent.

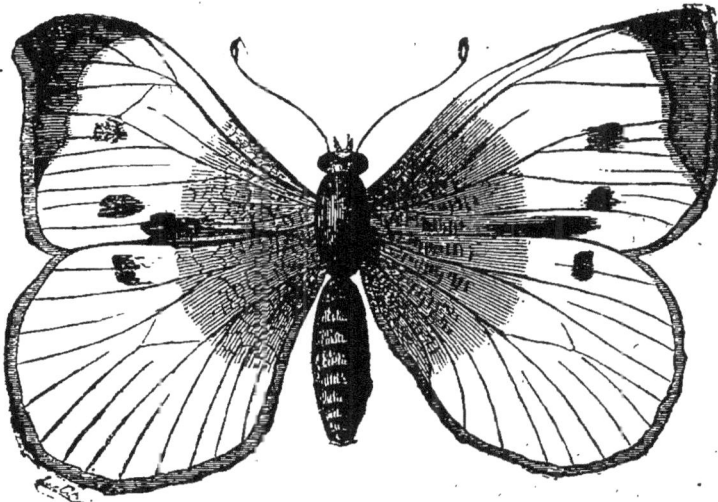

FIG. 87. — Papillon blanc du chou.

131. — Le *papillon blanc* ou **piéride du chou**

(fig. 87) est un des plus redoutables ennemis des plantes potagères. Sa *chenille* (fig. 88) en dévore les feuilles avec voracité et ne laisse intactes que les nervures des choux, des raves, et des plantes analogues. Il faut faire la chasse aux papil-

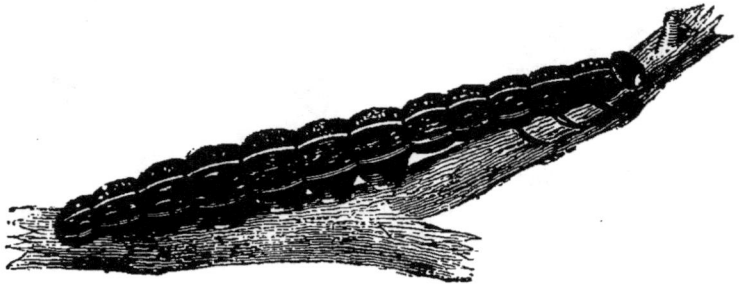

Fig. 88. — Chenille du papillon blanc.

lons, et débarrasser les plantations en écrasant toutes les chenilles qu'on y trouve.

L'échenillage est l'opération qui consiste à détruire, pendant l'hiver, sur les arbres, les *bourses*, les *toiles* qui cachent les larves des insectes. L'échenillage *doit être exécuté avec la plus grande ponctualité.*

QUESTIONNAIRE. — Qu'appelez-vous ennemis des jardins ? — Quels sont les principaux quadrupèdes qui attaquent les plantes des jardins ? — Comment les détruit-on ? — Quels sont les ravages faits par les limaces et les escargots ? — Quels sont les principaux insectes nuisibles ? — Qu'est-ce que le hanneton ? — Qu'appelez-vous ver blanc ? — Comment détruit-on les vers blancs ? — Quels sont les ravages que cause le papillon blanc ? — Qu'est-ce que l'échenillage ?

VINGT-CINQUIÈME LEÇON

AMIS DU JARDIN

132. — Si la troupe des *animaux nuisibles* est nombreuse, et si le jardinier doit leur faire une guerre continue, il trouve heureusement des *auxiliaires* dans quelques **animaux utiles** qui font la chasse aux animaux nuisibles.

Vous devez **protéger les animaux utiles**, et

Fig. 89. — Bergeronnette.

ne pas vous laisser aller contre eux à des attaques ou à des chasses dont le résultat serait fâcheux pour vous.

En effet, chaque animal utile mange une

quantité très considérable d'animaux nuisibles.

Je vais vous indiquer quelques-uns des animaux que vous devez vous garder de détruire.

133. — Parmi les **quadrupèdes** utiles figu-

Fig. 90. — Fauvette.

rent les *hérissons*, qui dévorent beaucoup d'insectes et de limaces ; — les *chauves-souris*, qui font
la guerre aux insectes ; — les *musaraignes*, trop
souvent confondues, à tort, avec les mulots ; —
les *taupes*, qui mangent beaucoup de vers blancs,

mais qui malheureusement creusent dans le sol des galeries parfois nuisibles à la végétation.

Les **oiseaux** qui font une guerre incessante aux insectes, sont nombreux; ils sont les meilleurs auxiliaires du jardinier. Ce sont surtout

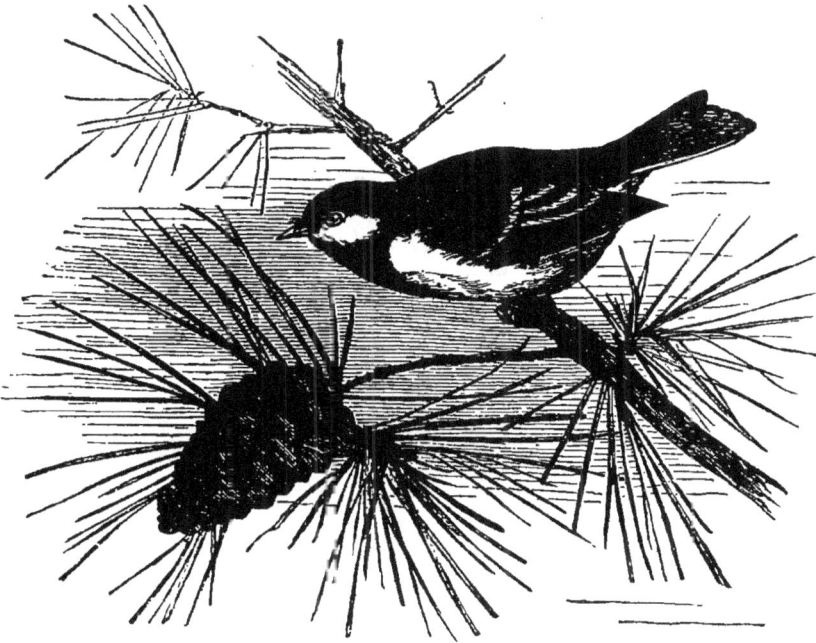

FIG. 91. — Mésange.

les *passereaux* qui détruisent le plus d'insectes. Vous connaissez l'*engoulevent*, le *merle*, la *grive*, le *rouge-gorge*, le *rossignol*, la *bergeronnette* (fig. 89), le *traquet*, la *fauvette* (fig. 90), le *roitelet*, le *grimpereau*, la *mésange* (fig. 91), le *bouvreuil*, le *verdier*, le *tarin* (fig. 92), le *bruant*.

Tous ces oiseaux doivent être *protégés avec*

zèle ; trop souvent on leur fait une guerre acharnée. **Leurs nids doivent être respectés ;** détruire les œufs et les couvées, c'est aider à la
multiplication de tous les ennemis des cultures.

134. — Il faut en dire autant de quelques

FIG. 92. — Tarin.

oiseaux nocturnes, le *chat-huant,* l'*effraye,* le
hibou, qui vivent exclusivement de petits ron-
geurs nuisibles.

Dans la plupart des pays d'Europe, des *lois*
et des *règlements* ont été établis pour **empêcher
la destruction des petits oiseaux.**

D'autres animaux, le *lézard,* le *crapaud,* la

grenouille, détruisent de grandes quantités d'insectes. Il en est de même des *araignées*, qui, malgré leur laideur, ne doivent pas être chassées du jardin; non seulement elles ne sont pas nuisibles à l'homme, mais encore elles se nourrissent de petites bêtes malfaisantes.

L'abeille (fig. 93) est une habitante du jardin qui doit être respectée. En butinant dans les fleurs, elle prépare le miel qu'elle

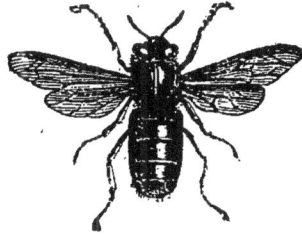

FIG. 93. — Abeille.

emmagasine pour nous dans les *ruches*.

Rappelez-vous que tous les animaux jouent leur rôle dans la nature. Il appartient à l'homme d'en favoriser la multiplication ou de s'y opposer, suivant qu'il trouve en eux des ennemis ou des auxiliaires.

QUESTIONNAIRE. — Qu'appelez-vous animaux utiles? — Quels sont les principaux quadrupèdes utiles? — Les petits oiseaux sont-ils utiles dans les jardins? — Indiquez quelques-uns de ceux qui doivent être protégés. — Que doit-on faire pour les nids? — Quels sont les oiseaux de nuit utiles? — Quels sont les autres animaux utiles? — Peut-on faire la chasse aux abeilles?

FIN

TABLE DES MATIÈRES

FIN DE LA TABLE DES MATIÈRES

MOTTEROZ, Direct.-Adm. des Imprimeries réunies, A, rue Mignon, 2.

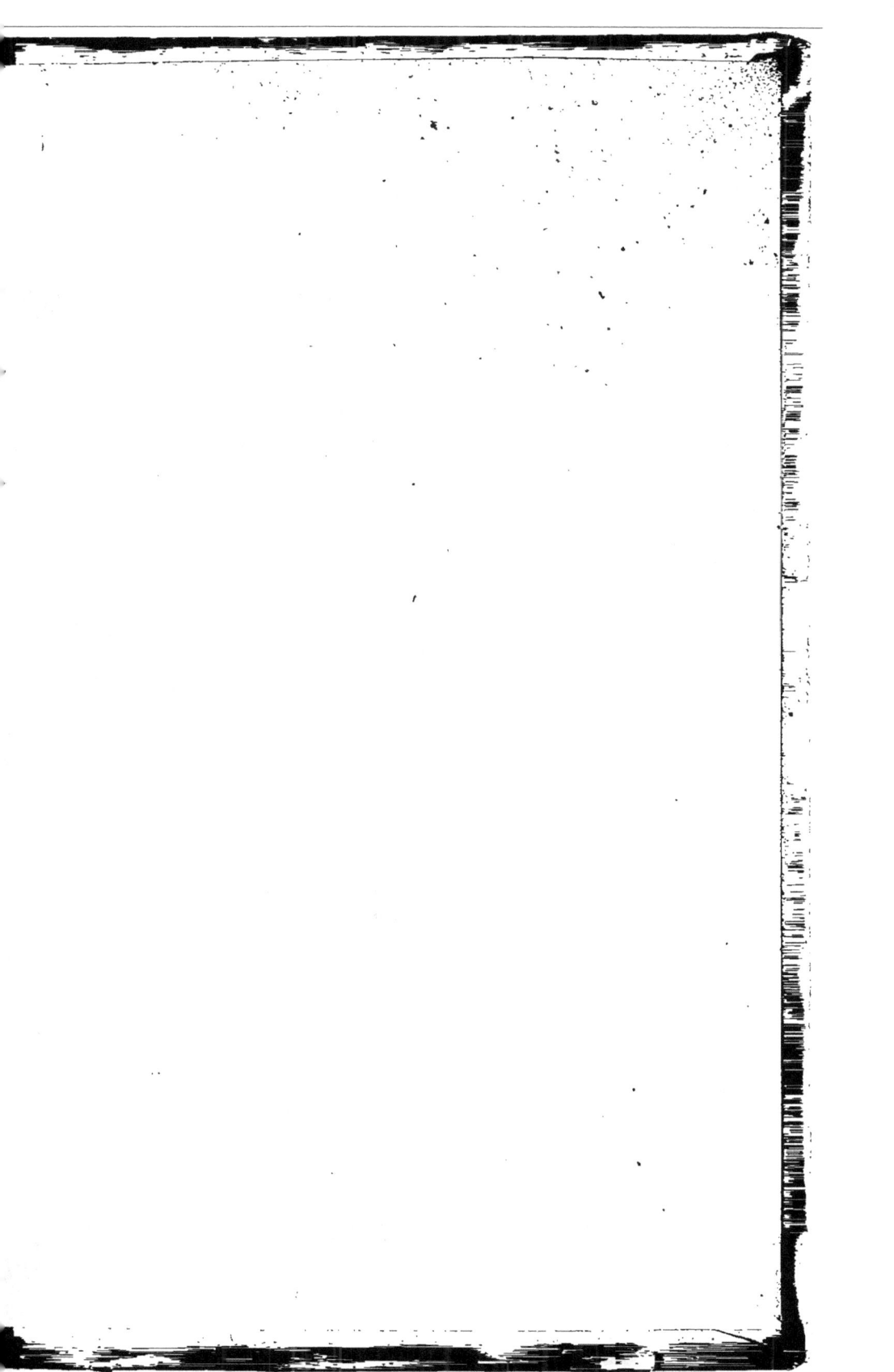

NOUVEAU COURS D'INSTRUCTION PRIMAIRE

RÉDIGÉ CONFORMÉMENT AUX PROGRAMMES DU 27 JUILLET 1882

LANGUE FRANÇAISE

BRACHET, lauréat de l'Académie française, et **DUSSOUCHET**, agrégé de grammaire, professeur au lycée Henri IV : COURS DE GRAMMAIRE FRANÇAISE, fondé sur l'histoire de la langue. Théorie et exercices. 3 vol. in-16, cartonnés :

Cours élémentaire. 1 vol. . . . . 60 c.
Cours moyen. 1 vol. . . . . 1 fr. 25
Cours supérieur. 1 vol.

HISTOIRE

DUCOUDRAY, professeur à l'École normale primaire de la Seine, agrégé d'histoire : COURS D'HISTOIRE. 3 vol. in-16, cartonnés :

Cours élémentaire. Récits et entretiens sur notre histoire nationale, jusqu'à la guerre de Cent ans. 1 vol. . . . . 60 c.
Cours moyen. Histoire élémentaire de France, de 1328 à nos jours. 1 vol.
Cours supérieur. Notions d'histoire générale et révision de l'histoire de France. 1 vol.

GÉOGRAPHIE

LEMONNIER, professeur d'histoire au lycée Louis-le-Grand, et **SCHRADER** : ÉLÉMENTS DE GÉOGRAPHIE. 3 vol. in-4°, cartonnés :

Cours élémentaire, contenant 61 gravures, 26 cartes dans le texte et 7 cartes en couleurs hors texte. 1 vol. . . . . . 1 fr.
Cours moyen. Géographie de la France et de ses colonies. 1 vol.
Cours supérieur. Révision et développement de la Géographie de la France et de ses colonies. Géographie sommaire des autres parties du monde. 1 vol.

INSTRUCTION CIVIQUE — DROIT USUEL NOTIONS D'ÉCONOMIE POLITIQUE

MABILLEAU, professeur à la Faculté des lettres de Toulouse, chargé de l'enseignement moral et civique aux instituteurs de la Haute-Garonne, lauréat de l'Institut. INSTRUCTION CIVIQUE. 3 vol. in-16, cartonnés :

Cours élémentaire. 1 vol. . . . . 60 c.
Cours moyen. 1 vol.
Cours supérieur. 1 vol.

MORALE

MABILLEAU : COURS DE MORALE. 3 vol. in-16 :

Cours élémentaire. 1 vol. . . . . 60 c.
Cours moyen. 1 vol.
Cours supérieur. 1 vol.

AGRICULTURE ET HORTICULTURE

BARRAL, secrétaire perpétuel de la Société nationale d'agriculture, et **SAGNIER**, COURS D'AGRICULTURE ET D'HORTICULTURE. 3 vol. in-16 :

Cours élémentaire. 1 vol. . . . . 60 c.
Cours moyen. 1 vol.
Cours supérieur. 1 vol.

ARITHMÉTIQUE ET GÉOMÉTRIE

VINTÉJOUX, professeur au lycée, membre du Conseil supérieur de l'instruction publique. COURS D'ARITHMÉTIQUE ET GÉOMÉTRIE. 3 vol. in-16, cartonnés :

Cours élémentaire. 1 vol.
Cours moyen. 1 vol.
Cours supérieur. 1 vol.

Chaque cours comprend l'Arithmétique et la Géométrie réunies dans le même vol.

MAIRE, instituteur à Paris : ARITHMÉTIQUE ÉLÉMENTAIRE, 3 vol. in-16, cartonnés :

Cours élémentaire. 1 vol.
Cours moyen. 1 vol.
Cours supérieur. 1 vol.

DESSIN

HENRIET (d') : COURS DE DESSIN :

Le dessin des petits enfants. Recueil de 200 modèles très faciles, dessinés sur papier quadrillé, 1 cahier petit in-4°.

Cours élémentaire

Cahier de l'élève n° 1, *Dessin linéaire*.
— n° 2, *Dessin d'ornement*.
— n° 3, *Dessin d'imitation*.
Livre du maître, 1 vol. in-16, avec 231 fig.

Cours moyen

Cahier de l'élève, n° 1, *Dessin linéaire*.
— n° 2, *Ornement géom*.
— n° 3, *Flore ornementale*.
— n° 4, *Dessin d'imitation*.
— n° 5, *Dessin d'animaux*.
Livre du maître, 1 vol. avec 86 fig. cart.

SCIENCES PHYSIQUES ET NATURELLES

SAFFRAY (Dr) : Éléments usuels des sciences physiques et naturelles. 3 vol. in-16, cartonnés :

Cours élémentaire. Leçons de choses.
Cours moyen. Notions élémentaires des sciences naturelles. 1 vol.
Cours supérieur. Développement du cours moyen. Premières notions de physique et de chimie. 1 vol.

CHANT

DANHAUSER, inspecteur de l'enseignement du chant dans les écoles de la ville : *Les chants de l'école*, recueil de chants à une voix. Chaque cahier in-16. Sept cahiers ont paru.

PAPIN, *Méthode pratique de musique* à l'usage des orphéons et des écoles. Ouvrage divisé en 3 parties qui se vendent séparément. . . . .

SAVARD, ancien professeur au Conservatoire de musique de Paris. Premiers éléments de . . .